CHEMICAL - SUBSTANCES

하루 한 권, 일상 속 화학 물질

사마키 다케오 · 잇시키 겐지 지음

원지원 옮김

두 얼굴을 가진 우리 생활 속 다양한 물질들

사마키 다케오(左巻健男)

1949년 도치기현 출생. 지바대학 교육학부를 졸업하고 도쿄학예대학 대학원 교육학 연구과(물리화학 강좌)를 수료했다. 도시샤여자대학 교수, 호세이대학 교직과정센터 교수 등을 역임하고 현재 도쿄대학에서 강사로 근무하고 있다. 저서로는 『面白くて眠れなくなる物理 재밌어서 밤새 읽는 물리 이야기』〈PHP研究所〉, 『ニセ科学を見抜くセンス 가짜 과학을 간파하는 법』〈新日本出版社〉, 『図解·化学「超」入門 화학 첫걸음』〈サイエンス·アイ新書, 공저〉 등 다수가 있다.

잇시키 겐지(一色健司)

1958년 에히메현 출생. 고치 현립 대학 명예교수 및 비상임 강사, 이학박사. 전문 분야는 분석화학, 수권환경화학, 해양화학이다. 대학에서는 기초화학, 환경과학, 과학문화 관련 과목을 담당하며, 다양한 관점에서 과학 문해력 파악과 강화를 도모하고 있다.

아사가 히로아키(浅賀宏昭)

1963년 도쿄 아다치구 출생. 메이지대학 교수, 이학 박사. 도쿄도립대학(현 슈토대학도쿄) 대학원 박사과정 수료 후 일본 학술 진흥회 연구원, 도쿄도 노인종합연구소 연구원 등을 거쳐 2003년 메이지대학 조교수로 취임, 2008년부터 현직에 있다. 전문 분야는 생명 과학 및 생명 과학 교육이다. 대학원 교양디자인 연구과에서는 문리융합형 학제 영역에서 연구와 교육에 힘쓰고 있다.

이케다 게이이치(池田圭一)

1963년 출생. 컴퓨터 · 네트워크 · 디지털카메라 기사를 기획하고 집필하며, 천문, 생물 등 자연과학 분야를 전문으로 다루는 프리랜서 편집자이자 작가다. 주요 저서로『光る生き物~ここまで進んだバイオイメージング技術 빛나는 생물, 진화하는 바이오 이미징 기술』,『失敗の科学 실패의 과학』,『天文学の図鑑 천문학 도감』(技術評論社),『水滴と氷晶がつくりだす空の虹色ハンドブック 물방울과 얼음이 만들어 내는 하늘의 무지개빛 핸드북』〈文一総合出版〉,『これだけは知っておきたい 生きるための科学常識 꼭 알아 두고 싶은 필수 과학 상식』〈東京書籍〉 등이 있다.

오바 요시히토(大庭義史)

1967년 출생. 나가사키국제대학 약학부 교수, 약학 박사, 약사. 전문 분야는 분석 화학이다. 미야자키현립 휴가 고등학교 졸업 후 규슈대학 약학부 조교, 문부과학성 재외 연구원(런던대학교), 나가사키대학 약학부 조교수 등을 거쳐 현재 나가사키 국제대학 약학부 교수로 재직중. 대학에서는 분석 계열 과목 강의 및 실습 등을 담당.

오가와 도모히사(小川智久)

후쿠오카현 출생. 도호쿠대학 대학원 생명 과학 연구과 부교수를 거쳐 현재 동대학원 농학 연구과 응용생명과학전공의 분자 효소학 분야 교수로 재직 중이다. 과학 정기간행물 〈Rika Tan〉의 기획 편집위원이며 전문 분야는 단백질 과학, 단백질 공학, 베노믹스(Venomics) 등이다.

가이누마 모토시(貝沼関志)

1951년 출생. 이나자와시민병원 마취 · 구급 · 집중치료부의 의료 질 관리부장, 나고야대학병원 외과계 집중치료부 교수, 의학 박사. 1979년 나고야대 의대 의학과 졸업 후 후지타보건위생대 의학부 마취학 교수 등을 거쳐 현직에 있다. 전문 분야는 집중치료의학, 마취소생의학, 응급의학이다. 편저로『麻酔 · 救急 · 集中治療 専門医のわざ 마취 · 응급 · 집중치료 전문의의 기술』,『麻酔 · 救急 · 集中治療 専門医の極意 마취 · 응급 · 집중치료 전문의의 비법』,『麻酔 · 救急 · 集中 治療専門医の秘伝 마취 · 응급 · 집중치료 전문의의 노하우 전수』〈真興交易 医書出版部〉 등이 있다.

가무라 히토시(嘉村均)

1959년 출생. 가나가와현립 고등학교 교사로, 현재 쓰루미 고등학교에서 근무 중이다. 화학을 주로 가르치며 생물 및 정보 과목도 담당하고 있다. 어른의 지시를 기다리는 것이 아니라 스스로 공부하고 학교 자치 활동에 적극적으로 참여하는 학생들을 돕는 교사를 꿈꾼다.

다키자와 노보루(滝澤昇)

오사카시 출생. 오카야마이과대학 공학부 교수. 전문 분야는 미생물 공학, 발효 화학이다. 사람에게 도움이 되는 미생물 능력의 개발 및 이용을 주제로 연구를 진행하는 한편, 과학의 즐거움을 함께 누리고자 전국 각지의 과학실험교실 및 사이언스 쇼에서 재능 기부 활동을 펼쳤다. 또한 오카야마이과대학에 과학 재능 기부 센터를 창설해 학생들의 과학 재능 기부를 장려하고 있다.

나카야마 에이코(中山榮子)

쇼와여자대학교 대학원 생활기구학전공 교수, 농학박사. 교토대학교 대학원 농학연구과 석사과정 수료. 전문 분야는 재료학(목재·고분자계), 환경 과학이다. 공저로『新訂·地球環境の教科書10講 개정·지구 환경 교과서 10강』〈東京書籍〉,『未来への道標「木の時代」は甦る 미래를 향한 이정표 '나무의 시대'가 다시 찾아온다』〈講談社〉 등이 있다.

후지무라 요우(藤村陽)

1962년 도쿄 출생. 가나가와공과대학 기초·교양교육센터 교수, 이학 박사. 도쿄대학 대학원 이학계 연구과 상관이화학전공 박사과정 수료 전문 분야는 기상소 반응 동역학, 방사성 폐기물 처분 안전성 연구이다. 공저로『ベーシック物理化学 기초 물리화학』,『基礎化学12講 기초 화학 12강』〈化学同人〉 등이 있다.

호야 아키히코(保谷彰彦)

과학 전문 작가, 박사. 전문 분야는 민들레의 진화와 생태. 기획과 집필을 위한 '민들레 공방'을 설립, 민들레 연구를 계속하고 있으며, 글쓰기를 주제로 대학에서 강의를 하고 있다. 주요 저서로『わたしのタンポポ研究 나의 민들레 연구』〈さ·え·ら書房〉,『身近な草花「雑草」のヒミツ 친근한 화초 '잡초'의 비밀』〈誠文堂新光社〉, 공저로『外来生物の生態学 외래생물의 생태학』〈文─総合出版〉 등이 있으며, 그림책『じゃがいもくんしつもんです 감자군 질문있어요』〈学研教育出版〉 등을 감수하였다.

야마모토 후미히코(山本文彦)

1966년 후쿠오카현 출생. 도호쿠의과약과대학 교수, 약학 박사. 전문 분야는 방사 약학, 분자 이미징 약학이다. 규슈대 조교, 미국 워싱턴대(세인트루이스) 객원 조교수, 교토대 부교수, 도호쿠약과대학 부교수를 거쳐 2015년부터 현직에 있다. 과학의 즐거움을 학생들에게 전하면서 분자 이미징 분야에 전문성을 갖춘 약사, 약학 연구자를 한 사람이라도 더 사회에 배출하는 것이 목표다.

와다 시게오(和田重雄)

1962년 도쿄 출생. 이학박사, 2018년부터 일본약과대학 교수를 맡고 있다. 전문 분야는 이과·기초과학 교육, 과학 커뮤니케이션, 교육방법학이다. 스가모 중·고등학교 및 가이세이 중·고등학교 교사, Scientific Education Group(SEG) 강사, 오우대학 약학부 준교수를 역임했다. 1학년 과정의 기초과학 과목(물리, 화학, 생물, 수학, 기초과학 실습 등)을 맡아 기초학력 향상을 꾀하며, 사고력·문제 해결 능력을 키우는 능동적 학습법도 전수하고 있다.

'화학 물질'이라 하면 무엇이 떠오르나요? 아마 화합물이나 공해 물질, 인공적으로 만들어진 물질이나 공장에서 사용하는 물질 등이 떠오를 것입니다. 상황에 따라 화학 물질은 다양하게 정의되지만, 사실 방금 이야기 한 모든 것이 '화학 물질'이랍니다. 다시 말해 우리 주변에서 볼 수 있는 모든 것들은 원소, 즉 화학 물질로 이루어져 있습니다.

대부분의 화학 물질은 많든 적든 독성을 가지고 있어요. 체중의 약 60%를 차지하는 물도 짧은 시간에 많은 양을 섭취하면 아주 위험하답니다. 물 중독으로 사망하는 일도 있어요. 하지만 물을 독극물이라고 부르진 않습니다. 보통 무리 없이 섭취할 수 있는 양만으로도 건강을 해치고 생명을 위태롭게 만들거나 심할 경우 사망에 이르게 하는 독성 물질을 독극물이라 부르지요. 독성은 그 영향이 천천히 나타나는 만성 독성과 빠르게 나타나는 급성 독성으로 나눌 수 있어요. 이외에도 발암성, 기형 유발성과 같은 특수한 독성도 있답니다.

이 책은 우리 생활에 도움이 되는 물질부터 위험한 물질, 이름은 익숙하지만 그 정체가 거의 알려지지 않은 물질까지 자세히 다루고 있습니다.

제1장은 중독 사고나 범죄로 널리 알려진 독성 물질에 대해 다루고 있어요. 오래전부터 악명이 자자한 청산가리(사이안화 포타슘)와 비소를 비롯해, 밀폐된 공간에서 탄소의 불완전 연소로 발생하는 일산화 탄소 중독, 축적된 유기물 등에서 뿜어져 나오는 황화 수소 중독까지 살펴볼 거예요.

제2장에서는 대기 오염, 토양 오염, 수질 오염과 같은 환경 문제와 관련된 물질이 등장합니다. 오존층을 파괴하는 물질인 프레온 가스로 널리 알려진 탄화수소 플루오린화 유도체, 지구 온난화의 주요 원인으로 꼽히는 이산화 탄소, 그리고 방사성 물질까지도요. 이외에도 미래 에너지 문제를 대비하는 데 있어서 피할 수 없는 중대 과제도 깊이 생각하고 해결 방안을 함께

고민할 수 있습니다.

제3장은 세균과 식물의 광합성을 시작으로 일본인 사망 원인 1위인 암과 생명을 유지하는 데 필요한 물에 대해 다루고 있어요. 광합성은 물과 이산화 탄소, 태양 에너지를 이용해 당과 같은 유기물을 만드는 화학 작용입니다. 광합성으로 만들어진 당을 바탕으로 탄수화물, 단백질, 지방 3대 영양소가 만들어지지요. 또한 오늘날 일본인 3명 중 1명이 암으로 사망하는 만큼 발암성 물질과 음식을 자세히 다루었으며, 논란의 대상이 된 수소수에 대해서도 살펴볼 거예요.

제4장은 우리 주변의 화학 물질에 관해 이야기합니다. 금속 재료의 재활용과 플라스틱 재활용 방법, 각종 건전지, 투르말린이나 게르마늄처럼 가짜 과학 상품에 사용되는 화학 물질도 다루고 있어요.

이 책을 처음부터 읽어도 좋고, 여러분의 흥미를 끄는 주제부터 읽어도 좋습니다. 다만 '우리에게 영향을 주는 양은 과연 얼마나 될까?'라는 질문은 잊지 마세요. 예를 들어 탄 고기는 발암성 물질을 포함하지만, 책에서 설명하듯 우리가 먹는 양으로는 문제가 없습니다. 탄 음식의 암 유발 정도는 매우 약하기 때문이지요. 연구원들은 탄 생선으로 인해 암이 발생하려면 매일 2만 마리의 생선껍질을 먹어야 하고, 시간으로 계산하면 10~15년 이상 걸린다고 밝혔습니다.

덧붙여 이 책은 『知っていると安心できる成分表示の知識 알아 두면 안심할 수 있는 성분 표시 지식』〈サイエンス・アイ新書既刊〉의 후속작입니다. 서로 다른 책이지만 하나의 주제를 두 페이지 이내로 읽을 수 있도록 하였으니 참고하길 바랍니다.

사마키 다케오

목차

제1장

사고와 범죄, 그리고 화학 물질

청산가리와 청산 화합물

사마키 다케오

제2차 세계대전 이후부터 1952년까지, 스스로 목숨을 끊는 데 사용된 독극물 1위는 무엇일까요? 제목에서 알 수 있듯이 바로 청산 화합물입니다. 대표적인 청산 화합물로는 청산가리로 알려진 청산 칼륨(사이안화 포타슘), 청산소다로 불리는 청산 나트륨(사이안화 나트륨)이 있어요. 독극물을 잘 모르는 사람들도 '청산가리'라고 하면 고개를 끄덕일 정도로 유명한 독극물이지요. 그렇다면 청산 화합물은 왜 위험할까요?

청산 화합물을 섭취하면

청산 칼륨의 성인 기준 치사량은 약 0.15~0.3g입니다. 청산 화합물을 먹거나 마시면 약 1분~1분 30초 사이에 초기 증상이 나타납니다. 두통과 어지러움이 동반되고, 가슴이 답답하며 맥박이 빨라지다 3분이 지나면 호흡이 힘들어지고 구토가 시작되지요. 결국에는 맥박이 약해지고 경련을 일으켜 의식을 잃고 사망에 이릅니다.

청산 칼륨이나 청산 나트륨이 위에서 위산(묽은 염산)과 만나면 청산 가스(사이안화 수소)가 발생합니다. 이 청산 가스는 독성이 아주 강해요. 청산 이온(사이안화물 이온)은 세포 호흡 효소인 사이토크로뮴 산화 효소(Cytochrom oxidase)의 작용을 방해해 세포 호흡을 불가능하게 합니다. 효소에 포함된 3가 철 이온(Fe^{3+})과 안정적으로 결합하기 때문이지요. 또 뇌의 호흡을 관장하는 중추를 빠르게 공격해 짧은 시간 안에 생명을 앗아가기도 합니다.

청산 화합물의 이용

청산 화합물은 주로 제조업에서 사용해요. 금광석을 이루는 암석 안에 미세한 금이 들어 있는데, 광석을 잘게 부순 다음, 청산 칼륨 수용액에 공기를 불어 넣어 금을 녹입니다. 여기에 아연가루를 넣으면 아연이 녹는 대신, 금을 얻을 수 있습니다.

또 도금할 때도 농도가 높은 청산 칼륨 수용액이나 청산 나트륨 수용액을 금, 은, 구리 등의 도금액으로 사용합니다.

자연계의 청산 화합물

청산 화합물은 자연계에도 존재합니다. 매화, 살구, 복숭아의 씨앗에는 아미그달린이라는 청산 배당체(청산과 당 화합물)가 들어 있어요. 청산 배당체는 효소에 의해 사이아노하이드린으로 분해되고 이는 더 독성이 강한 청산 가스(사이안화 수소)로 분해됩니다. 이 씨앗은 오래전부터 기침을 가라앉히는 약으로 사용되었지만, 과도하게 섭취하면 위험하답니다. 서양에서는 살구나 아몬드의 생 씨앗을 잘못 삼켜 중독을 일으킨 사례도 있다고 해요. 어린아이의 경우 살구 씨앗을 적게는 5알, 많게는 25알만큼 먹으면 사망할 수도 있으니 주의해야겠지요?

사진 살구 씨앗 속 청산 배당체

살구 씨앗에는 청산 배당체가 들어 있어 약이 되기도 하고 독이 되기도 합니다.

탈륨의 빛과 그림자

야마모토 후미히코

원자번호 81번인 탈륨은 무색, 무미, 무취의 특징을 갖고 있습니다. 그 때문에 잘못 사용하거나 실수로 마시는 일이 잦아 탈륨 중독 사고가 발생하기도 했어요. 또 독성이 강한 탓에 사람을 해치는 일에 사용되기도 했는데, 영국의 그레이엄 영은 탈륨을 이용해 살인을 저질렀고, 1991년 도쿄에서도 비슷한 사건이 발생했습니다. 2005년 시즈오카현에서는 어머니에게 황산 탈륨을 먹여 살해하려 한 사건이 있었고, 2014년 아이치현에서도 살인 사건의 용의자로 지목된 대학생이 고등학교 시절 친구를 독살하려 했던 사실이 발각되기도 했답니다.

탈모제로 사용된 탈륨

탈륨은 자연계에도 소량 존재합니다. 구리와 아연 등을 정제할 때 부산물로 얻을 수 있지요. 아주 강한 독성을 지닌 중금속으로 성인 기준 100mg을 먹을 경우, 중독 증상이 나타나요. 치사량은 약 600~900mg으로 추정되지요.

황산 탈륨은 19세기 중반 영국 황산공장의 잔류물에서 발견되어 약 100년 가까이 탈모 연고로 사용되었어요. 하지만 중독 사고가 빈번하게 발생한 탓에 지금은 의약품으로 사용하지 않습니다.

탈륨 독성의 원리

탈륨은 소화 기관뿐만 아니라 피부와 기도 점막으로도 흡수됩니다. 보통 12~24시간 동안 신경 증상이 나타나 구토, 복통, 감각 장애, 운동 장애가 발생하는데, 심한 경우 경련을 일으켜 호흡 곤란이나 순환 장애로 사망할 수도 있어요.

체내로 들어간 탈륨은 칼륨과 매우 비슷하게 작용합니다. 그래서 신경계와 간, 심장의 미토콘드리아 내에 있는 칼륨이 정상적으로 기능할 수 없도록 방해하지요. 또 효소가 제대로 반응하지 못하도록 해 단백질 합성을 저해하고 비타민 B_2와 결합하여 탈모와 신경염 등을 유발합니다.

탈륨은 소변이나 대변으로 배출되기 때문에 소변 검사나 대변 검사로 중독 여부를 밝힐 수 있어요. 중독된 경우에는 위세척이나 완하제 투여, 칼륨 투여, 혈액 투석 등을 실시해 증상을 완화해요.

방사선 탈륨의 활용

비록 탈륨은 독성이 강한 물질이지만 의료 현장에서는 아주 유용하게 사용합니다. 특히 방사성 염화 탈륨은 심장 질환이나 뇌종양, 부갑상샘 질환을 진단하는 데 큰 역할을 한답니다. 먼저 방사성 염화 탈륨을 주사액으로 공급하고 특수 카메라로 체내 방사선을 촬영합니다. 여기에 포함된 탈륨은 약 $2\mu g$ 이하로 아주 적은 양이기 때문에 중독 증상은 나타나지 않아요.

사진 두부 방사선 CT 영상과 방사성 염화 탈륨을 사용한 종양 섬광 조영술

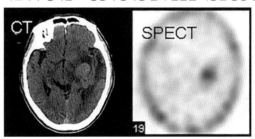

제공: 교토대학병원 방산선 진단 전문의, 구리하라 겐스케

비소는 자연계 널리 분포한 원소 중 하나입니다. 아주 적은 양이지만 우리 몸에도 존재하며 생존에 필요한 원소로 여겨지지요. 하지만 비소는 위험한 독극물로 심각한 중독 문제를 일으키거나 공해의 원인이 되기도 합니다. 지하수가 비소로 오염되어 많은 사람이 중독된 사건이 발생한 나라도 있어요. 또 많은 전쟁에서 유기 비소 화합물이 무기로 사용되었는데, 이후 전쟁 지역의 우물에서 잔여물이 검출되어 심각한 피해가 발생하기도 했습니다. 게다가 '비소'하면 '살인 사건'이 떠오를 정도로 독극물의 대명사가 된 탓에 추리 소설이나 영화, 연극 등에 소재로 등장하기도 합니다.

가장 무서운 비소, 아비산염

비소의 독성은 유기 비소보다 무기 비소가 훨씬 강합니다. 그중에서도 아비산염은 독성이 아주 강해 의약품이나 살충제로 사용되었어요. 아비산염에 중독되면 급성인 경우 수십 분~몇 시간 안에 설사, 구토, 전신 경련 등의 증상이 나타나 사망에 이르기도 합니다. 만성 중독은 피부 발진, 염증이 나타나고 심할 경우 지각 장애 또는 운동 장애를 일으켜요. 체내에서 아비산으로 변하면 단백질 티올기(-SH)에 결합하는데, 비소가 결합한 단백질은 정상적인 기능을 하지 못하고 암을 일으키기도 합니다.

한편 비소는 해독제가 알려진 몇 안 되는 독성 물질 중 하나로, 그중 디메르카프롤은 비소 중독 치료제로 아주 유명하지요.

바보의 독약, 비소

비소는 다른 물질에 비해 체내에서 쉽게 검출할 수 있습니다. 그래서 '바보의 독약'이라 불리지요. 머리카락이나 손톱에 잔류하기 쉬워, 머리카락한 가닥만 있으면 비소 중독 여부를 바로 알 수 있을 정도예요. 한 예로 프랑스 황제 나폴레옹의 비소 중독설을 들 수 있습니다. 그가 유품으로 남긴 머리카락에서 많은 양의 비소가 발견되었는데, 이 때문에 나폴레옹이 비소 중독으로 사망했다는 주장이 제기되기도 했어요.

우리에게 꼭 필요한 비소

비록 강한 독성을 가졌지만 비소는 우리 생활에 꼭 필요한 물질입니다. 스마트폰과 컴퓨터의 필수 부품인 반도체에도 비소가 필요해요. 갈륨과 비소의 화합물인 갈륨비소는 실리콘 반도체보다 전자 흐름이 매우 빨라 전자 산업에서 중요한 역할을 담당하고 있어요. 갈륨비소 반도체를 이용해 태양광 발전 능력을 두 배 이상 높이는 기술을 개발하고 있지요. 이처럼 비소는 재생 에너지 기술 분야에서도 주목받는 원소랍니다.

표 비소 화합물의 예

무기 비소 화합물	아비산	비산
유기 비소 화합물	트리페닐아르신	카코딜산

17

온천에서 달걀이 썩는 듯한 냄새를 맡아본 적이 있지요? 온천의 유황 냄새는 바로 황화 수소 냄새입니다. 자연계에서는 화산이나 온천에서 분출되는 가스에 포함되어 있고, 화학 실험을 통해서도 쉽게 만날 수 있는 기체지요. 농도에 따른 황화 수소 독작용은 다음에 나올 표와 같습니다. 소량이어도 불쾌감과 자극을 동반하고 농도가 높아짐에 따라 치사율도 같이 높아지는 것을 볼 수 있어요. 만일 황화 수소에 계속 노출되어 냄새에 익숙해지면 의식하지 못하는 사이에 많은 양을 마실 수 있지요.

황화 수소 중독 사고

황화 수소는 하수관이나 오물 탱크처럼 유기물이 많은 곳에서 대량으로 발생합니다. 공기보다 무겁고 물에 잘 녹지 않기 때문에 밀폐된 공간에 쉽게 쌓이지요. 특히 황화 수소를 함유한 슬러지(찌꺼기, 하수 처리 과정에서 생기는 침전물)를 저으면 한꺼번에 대량 방출되기 때문에 근무자들의 중독 사건이 빈번히 발생하기도 했습니다. 다수의 사망자가 나오기도 했어요. 이 외에도 발생 건수는 많지 않지만, 화산이나 온천에서 분출된 황화 수소에 의해 사망하는 사고가 종종 일어납니다.

널리 알려진 황화 수소 제조법

2007년경부터 황화 수소를 목숨을 끊는 수단으로 사용하는 사람들이 급격히 늘어났습니다. 쉽게 구할 수 있는 가정용품을 이용해 황화 수소를 발생시키는 방법이 인터넷을 통해 널리 퍼진 것이 원인 중 하나입니다. 일반 가정의 욕실은 그리 넓지 않기 때문에 욕실 내에 황화 수소를 약 10g만 발생시켜도 치사 농도인 0.1%에 달합니다. 이에 일본 경찰청은 2008년 4월

30일, 황화 수소 가스 제조 및 이용을 유인하는 정보는 유해 정보임을 알리며 적절히 이용할 것을 당부했어요.

황화 수소 피해를 줄이는 방법

최근 황화 수소를 이용한 사건에서 구출을 위해 들어간 사람도 함께 중독되거나 냄새로 인한 소동이 벌어지는 등 여러 피해가 발생해 사회적으로 큰 논란이 되었습니다. 만약 황화 수소 냄새가 진하게 난다면 어떻게 해야 할까요? 먼저 냄새가 나는 곳에 함부로 접근하거나 가까이 가지 않도록 해야 합니다. 또 밖에서 안으로 냄새가 흘러 들어오면 창문을 닫고 소방서에 신고해야 하지요.

표 농도에 따른 황화 수소 독작용

농도(단위:ppm)	작용
0.02~0.2	악취 방지법에 따른 대기 중 농도 규제치
0.3	누구나 냄새를 느낌
3~5	불쾌감을 느낌
10	노동안전위생법에 의한 허용 농도(눈 점막 자극 하한선)
20~30	농도가 증가해도 심각성을 느끼지 못함
50	결막염 등 눈에 대한 장애 발생
100~300	후각 마비
170~300	기도 점막 통증
350~400	약 1시간 후 생명 위험
800~900	의식 상실, 호흡 정지, 사망
5000(=0.5%)	즉사

출처: 일본 중앙산업재해방지협회 〈신(新)산소결핍위험 작업주임자 지침〉

2010년 6월, 아오모리현 핫코다산 중턱에 위치한 스카유 온천 인근에서 한 여학생이 쓰러져 있는 것을 일행이 발견하고 신고했지만, 결국 사망한 사건이 발생했습니다. 근처에 있던 남녀 세 명도 이상 증상을 호소해 병원으로 옮겨졌지요. 현장 근처에서 이상한 냄새가 났다는 증언에 따라 여학생의 사망 원인은 화산 가스로 추정되었어요.

13년 전인 1997년 7월에도 같은 장소에서 훈련 중이던 자위대원이 화산 가스가 고인 구덩이로 떨어지는 사고가 발생했습니다. 그를 구하려던 대원도 잇따라 쓰러지며 결국 3명이 사망하고 19명은 병원으로 실려 가 치료받았어요. 화산 가스는 왜 위험할까요?

화산 가스는 왜 위험할까?

화산 가스는 말 그대로 화산 분화구에서 분출되는 가스입니다. 수증기와 이산화 탄소 외에 황화 수소, 염화 수소, 이산화 황 등 유독 가스가 많이 포함되어 있어요. 앞서 본 것처럼 황화 수소는 특유의 썩은 달걀 냄새 때문에 아주 소량이어도 쉽게 알아챌 수 있어요. 또 농도가 50ppm을 넘으면 눈과 기도에 강한 자극을 주지요. 농도가 더욱 증가하면 의식이 흐려지거나 호흡이 힘들어지는 증상이 발생해요.

이산화 탄소는 공기 중에 포함된 기체로 대기 중 농도는 약 0.04%입니다. 이 정도 농도로는 우리 몸에 별다른 영향을 주지 않지만 10% 이상의 농도로 흡입하면 시각 장애나 떨림이 생기고 30%가 되면 의식을 잃기도 해요. 이산화 탄소의 독성과 산소 부족 때문이지요.

염화 수소나 이산화 황은 자극적인 냄새가 나기 때문에 금방 존재를 알아차릴 수 있어요. 하지만 독성이 강하므로 항상 경계해야 합니다.

화산 가스가 쉽게 쌓이는 곳은 어디일까?

화산 가스 대부분은 상온에서 공기보다 무겁습니다. 그래서 움푹 파인 곳에 잘 모이고 쉽게 축적되지요. 계곡은 가스의 이동 통로 역할을 하며, 폭이 좁으면 좁을수록 가스층이 두꺼워져요.

바람이 약한 곳도 주의해야 합니다. 지형에 따라 다르지만 지표면 온도가 대기 온도보다 낮으면 기체가 아래로 흐르기 쉽고, 반대로 높으면 위로 상승하여 확산하기 쉽기 때문이에요.

비교적 안전한 화산을 구경할 수 있는 여행 상품이 있습니다. 활화산 주변에는 온천이 있거나 쉽게 보기 어려운 멋진 풍경이 있어 인기가 많지요. 하지만 아름다운 풍경을 즐기기도 전에 위험에 노출될 수 있으니 항상 기상청이나 관광청 등을 통해 화산 가스 정보를 확인해야 합니다.

혹시라도 분화구 가까이서 냄새를 맡고 싶다는 생각이 든다면 바로 멈추길 바랍니다. 아주 위험한 행동이에요. 나도 모르게 다량의 가스를 흡입할 수 있기 때문입니다. 만약 누군가 가스를 마셔 쓰러진다면 즉시 신선한 공기를 마실 수 있는 장소에서 인공호흡을 하거나 고농도 산소 치료를 받을 수 있도록 병원으로 옮겨야 합니다.

침묵의 살인자 일산화 탄소 중독

가이누마 모토시

일산화 탄소는 산소가 불충분한 상태에서 탄소 또는 탄소 화합물이 연소할 때 발생합니다. 일산화 탄소 중독은 일본의 중독 사망 원인 중에서도 높은 비중을 차지해요. 특히 화재 현장, 실내 난방 기구의 불완전 연소, 나무 연료, 산업 재해로 인한 일산화 탄소 중독 사고는 오래전부터 자주 발생했지요. 또 인터넷에서 얻은 정보를 이용해 자동차와 같은 밀폐 공간에서 연탄을 피워 목숨을 끊는 사례가 다수 보고되기도 했습니다.

유해한 일산화 탄소의 농도

공기 중의 일산화 탄소 농도는 1~10ppm 정도입니다. 만약 이 농도가 급격하게 늘어나 4,000ppm, 즉 0.4%까지 증가하면 약 30분 만에 사망에 이를 수 있습니다. 불완전 연소로 발생하는 일산화 탄소의 농도는 약 5%입니다. 밀폐 공간에서의 불완전 연소가 얼마나 위험한지 가늠할 수 있는 수치지요. 자동차 배기가스에는 약 1~7% 농도의 일산화 탄소가 포함되어 있으며 화재 현장에서는 10%에 달하는 경우도 있습니다. 산소 농도인 20.9%에 비하면 낮은 축에 속하는데, 왜 유해하다고 말하는 것일까요?

무색, 무미, 무취지만 아주 위험한 일산화 탄소

일산화 탄소는 체내로 들어오면 헤모글로빈과 결합한 산소를 밀어내고 자신이 대신 결합합니다. 헤모글로빈과의 결합력이 산소보다 무려 250배나 강하기 때문에 쉽게 자리를 차지할 수 있어요. 일산화 탄소와 결합한 헤모글로빈(CO-Hb)이 점차 증가하여 그 수준이 50%를 넘으면 의식이 희미해지며 경련이 일어나거나 호흡이 마비되기도 합니다. 흡입한 일산화 탄소의 농도가 0.08%일 때도 이와 비슷한 증상이 나타나지요.

일산화 탄소를 흡입하자마자 바로 일산화 탄소 헤모글로빈이 증가하는 것은 아닙니다. 그러므로 두통, 권태감, 어지러움 등의 증상이 느껴지면 빨리 환기를 시키는 것이 중요해요. 일산화 탄소의 무게는 약 0.97로 공기(무게 1)와 비슷합니다. 그래서 환기를 시키면 대부분 흩어져 중독 사고를 예방할 수 있어요.

일산화 탄소 중독으로 혼수상태에 빠진 사람을 발견하면 바로 119에 신고하고 심폐소생술을 시행해야 하며, 노출된 시간이 짧을수록 생존할 가능성이 커집니다.[1]

그림 독극물 등에 의한 사고 발생 내역[1]

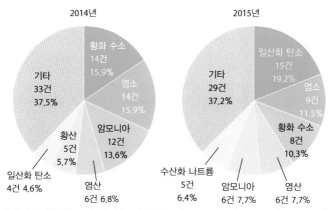

출처: 일본 소방청 위험물보안실 〈도시가스, 액화석유가스 및 독극물 등에 의한 사고 통계표(2014년, 2015년)〉

---

1   독극물 등의 원인으로 소방 기관 출동한 사고 집계이며 자손행위에 기인한 것은 제외함.

표백제란 옷이나 그릇 등을 표백하고 살균하는 데 사용하는 물질을 말합니다. 크게 염소계와 산소계로 나눌 수 있어요. 이중 염소계 표백제는 효능이 매우 강해, 주방용은 살균 및 얼룩 제거, 의류용은 흰옷의 누런 때 제거, 욕실용은 곰팡이 제거, 살균과 탈취, 강력 세정 등에 사용됩니다. 그런데 자세히 살펴보면 염소계 표백제에는 '혼합 금지'라고 적힌 것을 볼 수 있어요. 무엇과 혼합하지 말라는 것일까요? 또 어떤 위험이 있는 것일까요?

이럴 때 조심해야 해!

표백제에는 세제의 효과가 없기 때문에 청소나 빨래를 할 때 세제를 함께 사용하는 경우가 있습니다. 그런데 뒷면에 있는 주의 사항을 자세히 보세요. 아마 다음과 같은 문구를 볼 수 있을 거예요.

"차아염소산 나트륨 또는 염소계 표백제(락스류)와는 함께 사용하지 마십시오."

이유는 간단합니다. 염소계 표백제와 산성 세제를 함께 사용하면 표백제 속 차아염소산 나트륨과 세제 속 수소 이온이 반응하여 유독한 염소 가스가 발생하기 때문이에요. 특유의 냄새를 가진 연두색 기체인 염소 가스는 보통 수돗물이나 수영장 물을 살균·소독하는데 사용되는 한편, 고농도의 염소 가스에 노출되면 피부, 눈, 호흡기 등의 점막을 자극해 기침, 구토, 심한 경우 사망에 이를 수도 있어요. 산성 세제뿐만 아니라 산성을 띠는 물질들, 예를 들어 식초나 레몬즙도 염소 가스를 발생시키므로 각별한 주의가 필요해요.

표백제 외에도 배수관 세정제 중 차아염소산 나트륨이 포함된 제품 역시 세제와 함께 사용하지 말라는 주의 사항을 반드시 따라야 합니다.

새집에 유해 물질이? 새집 증후군

나카야마 에이코

아마 한 번쯤은 새집 증후군에 대해 들어본 적이 있을 것입니다. 주택뿐만 아니라 학교나 사무실 등의 공간에서도 문제가 발생해 서양에서는 빌딩증후군이라고도 불리지요. 새집 증후군이란 거주 공간에서 발생하는 건강 피해를 이르는 말로 다양한 오염 물질이 원인입니다. 에너지 절약을 위해 건축물의 기밀화와 단열화가 강화되면서 이전만큼 환기가 잘되지 않고, 다양한 화학 물질을 용제나 접착제로 이용한 새로운 건축 공법을 도입하여 나타난 현상입니다.

새집 증후군의 원인과 대책

새집 증후군의 원인과 증상은 매우 다양하고 발병 과정도 아직 밝혀지지 않은 부분이 많습니다. 원인 물질이 화학 물질 과민증이나 저농도 중독 증상을 일으키며 기존 질병을 악화시킨다는 주장도 있지요. 특히 일부 증상은 갱년기 장애나 초조감, 피로감, 불면과 같은 부정 수소(뚜렷하게 아프거나 병이 있지 않지만 병적 증상을 호소하는 것)와 구별하기 어렵다고 알려져 있습니다.

폼알데하이드 같은 건축 자재의 화학 물질, 가구나 카펫, 커튼 등의 난연재나 접착제에서 휘발되는 화학 물질, 진드기나 곰팡이 등 생물 유래 물질, 화장품, 방충제처럼 매일 쓰는 물건들이 원인이 될 수도 있어요.

일본 정부는 2003년 건축기준법 및 동시행령을 개정했습니다. 이에 일본공업규격(JIS) 및 일본농림규격(JAS) 등 국가 규격에서 폼알데하이드 등급 표시도 변경되었습니다.

우리가 쉽게 실천할 방법은 바로 '자주 환기시키기'입니다. 또한 원인이 되는 물질이 포함된 제품을 구매하지 않는 것도 도움이 되겠지요?

화학 물질 과민증

나카야마 에이코

기타사토대학교 의학부 이시카와 사토시 명예 교수진은 화학 물질 과민증(CS, Chemical Sensitivity)에 대해 다음과 같이 정의했습니다.

"화학 물질 과민증은 특정 화학 물질에 지속적으로 노출된 결과, 아주 적은 양의 화학 물질에 접촉하는 것만으로 두통 등의 증상이 나타나는 상태를 말한다."

연구팀은 화학 물질 과민증의 원인으로 '다량의 화학 물질에 노출되어 신체의 내성 한계를 넘어선 것으로, 하나의 물질이 아닌 모든 화학 물질이 원인이 될 가능성을 가지고 있다'라고 지적했습니다. 예를 들어 앞서 살펴본 새집 증후군은 건축 자재나 내장재 등에서 발생한 유기 화합물을 원인으로 하지만 화학 물질 과민증은 특정 발생원을 한정하지 않아요.

화학 물질 과민증의 주요 증상

화학 물질 과민증을 앓는 사람들은 화학 물질에 노출되면 아래 표처럼 다양한 증상을 보입니다.

신체 기능	증상
자율 신경계	수족냉증, 발한 이상 등
말초 신경계	운동 장애, 지각 이상 등
호흡계	인후통, 조갈증 등
순환기계	두근거림(심계항진) 등
소화기계	설사, 변비, 오심 등
안과계	결막 자극, 충혈 등
면역계	피부염, 천식, 자가 면역 질환 등

어떻게 대처할까?

아직 화학 물질 과민증에 대해서 확실히 밝혀진 것은 없습니다. 하지만 가장 기본적인 대처 방법은 원인이 되는 화학 물질에 노출되는 것을 줄이는 거예요. 가능한 한 빨리 없애거나 되도록 가까이 두지 않으며, 물건을 구입할 때는 접착제나 도료의 종류를 확인하는 등의 과정이 필요하지요.

또한 자주 환기하고 청소하며 실내에 공기가 잘 통할 수 있도록 가구 등을 배치하는 것도 좋습니다. 최근에는 오염 물질을 흡착해 분해하는 기능을 가진 내장재나 공기청정기 같은 제품의 개발이 진행 중이에요.

정말 화학 물질 과민증일까?

2003년 일본 후생노동성은 전문가로 구성된 '실내 공기 질 건강 영향 연구회'를 열어 화학 물질 과민증에 대한 견해를 발표했습니다. 전문가들은 '기존 알레르기 등으로 설명할 수 있고 원인이 화학 물질임이 명확하지 않음에도 불구하고 화학 물질 과민증으로 진단하는 경우가 있다'라고 지적하며 정확한 검사법 개발을 기대한다고 밝혔어요.

한편 환경부는 화학 물질 과민증에 대해 이중 맹검법(약의 효과를 객관적으로 평가하는 방법으로, 진짜 약과 가짜 약을 피검자에게 무작위로 주며 효과를 판정하는 의사에게도 진짜와 가짜를 알리지 않고 시험한다-옮긴이)으로 역학 조사를 실시했습니다. 그리고 조사 결과를 2004년 2월, '본태성 다종 화학 물질 과민 상태 조사 연구 보고서'로 정리했습니다. 조사진은 '이른바 화학 물질 과민증 환자를 연구한 결과, 기준치의 절반 이하인 극히 미량의 폼알데하이드 노출과 증상 발현 사이에 연관성은 인정되지 않았다. 따라서 화학 물질 과민증 중에는 화학 물질 외의 다른 원인(진드기나 곰팡이, 심리적 요인 등)에 의한 병태가 포함된 것으로 추측된다'라고 지적했어요. 또한 동물 실험 결과로부터 미량의 화학 물질에 의한 영향은 부정할 수 없으므로 추가 연구가 필요하다고 덧붙였지요.

표 원인이 되는 화학 물질

물질명	주요 용도
폼알데하이드	합판 등의 합성수지, 접착제, 방부제
클로르피리포스	유기인계 흰개미 살충제
톨루엔	접착제나 페인트 등의 용제
프탈레이트	도료·벽지 등의 가소제, 진드기 방지제 외
인산트리부틸 등	커튼 등의 난연제, 용제, 가소제, 소포제 외

과일이나 채소를 기를 때 잡초나 해충, 세균 등의 피해를 막기 위해 농약을 사용합니다. 농약에는 살충제, 살균제, 제초제, 살서제(쥐약) 등이 있는데, 미생물을 포함한 생물의 생육을 저해하거나 죽이는 역할을 합니다. 우리 인간 역시 생물이므로 농약에 포함된 독성의 영향을 적게나마 받게 됩니다. 농사를 짓거나 과일, 채소를 기르는 데 사용하는 농약은 어떤 성분일까요? 그리고 실제 우리 생활에 어떤 영향을 미칠까요?

농약 중독과 안전성 평가

일본의 경우 1960년대까지 농약 중독 사고가 꽤 빈번히 일어났습니다. 이후 독성이 낮은 농약을 사용하는 등 작업 환경이 변화하며 농약 중독 환자 수는 크게 줄어들었어요. 현재 사용할 수 있는 농약은 농약관리법에 근거하여

① 농약 사용자에 대한 안전성(급성 중독 가능성)
② 농작물에 대한 안전성(성장 및 품질에 미치는 영향)
③ 농작물 자체의 안전성(건강에 미치는 영향)
④ 환경에 대한 안전성(토양, 물 등 환경 및 생태계에 미치는 영향)

등의 관점에서 안전성 평가가 이루어진 것이에요. 특히 인체에 미치는 영향에 대해서는 다양한 관점에서 시험이 실시되는데, 잔류 농약이 암 발생에 미치는 영향(발암성 시험)이나 태아에 미치는 영향(기형 유발성 시험) 등을 고려해 안전성이 높은 제품만 사용을 허가하고 있답니다.

왜 농약을 사용할까?

분명 독성을 가진 것이 분명한데, 왜 농약을 사용할까요? 애초에 농작물

을 키우는 데 농약이 정말 필요한지에 대해 의문을 가지는 사람도 적지 않을 것입니다. 특정 작물을 인위적인 환경에서 단일적으로 재배하다 보면 병충해나 잡초가 발생하기 쉽습니다. 만약 아무런 조치도 취하지 않는다면 작물의 품질을 유지할 수 없게 되지요. 가게에 벌레 먹은 양배추와 싱싱한 양배추가 있다면 당연히 싱싱한 양배추를 사겠지요? 이렇게 품질이 떨어지는 양배추는 상품성이 없습니다.

병충해와 잡초를 제거하기 위한 간편하고 경제적인 해결사가 바로 농약입니다. 제초 등 작업 부담을 줄이고 생산성을 높이는 데도 효과적이에요. 물론 벌레 먹은 채소는 농약이 사용되지 않았다는 증거가 되겠지만, 가게나 식당에 제공하기에는 역시 적합하지 않지요.

농약으로 인한 사망 사고는 여전히 발생하고 있습니다. 하지만 대부분 스스로 목숨을 끊는 데 사용하거나 농약 원액을 잘못 마시는 경우에요. 농약 살포 중 사망하는 사고는 최근 거의 발생하지 않으며, 중독으로 인한 사고도 잘못 마셔 발생하는 사건의 수보다 적어요.

표 농약 중독 사고 예

• 농약이 페트병에 담겨 있어서 잘못 마셨다.
• 농약을 냉장고에 보관해 음료로 착각했다.
• 치매 환자가 농약을 음료로 착각했다.
• 토양훈증제를 사용한 뒤 토양을 잘 덮지 않았기 때문에(혹은 덮었으나 높아진 기온 등이 원인으로) 화학 물질이 유출되어 인근 주민이 건강 피해를 호소했다.

출처: 일본 농림수산성〈농약 사고에 따른 사고 및 피해 발생 상황〉(2014년)

➡ 농약을 사용해 일을 할 때는 물론, 관리에도 주의를 기울여야 합니다. 특히 음료와 착각하기 쉬우니 구분하여 자물쇠로 잠글 수 있는 장소에 보관하도록 합니다.

11 곰팡이도 독성이 있다

호야 아키히코

우리 주변의 곰팡이는 보통 버섯과 동일한 균류로 분류됩니다. 식품이나 의약품에 이용되는 곰팡이도 있지만, 유독 물질로 작용하는 곰팡이도 있어요. 이렇게 곰팡이가 생성하는 물질 중 사람이나 동물에 독성을 보이는 물질을 곰팡이 독 또는 미코톡신이라 부릅니다.

무서운 아플라톡신

곰팡이 독은 300종 이상 존재합니다. 그중에서도 아주 위험한 것이 바로 아플라톡신입니다. 아플라톡신은 누룩곰팡이와 같은 계열의 아스페르길루스 플라부스(*Aspergillus flavus*), 아스페르길루스 파라시티쿠스(*A. parasiticus*), 아스페르길루스 노미우스(*A. nomius*)와 같은 진균에서 생성되는 곰팡이 독으로 천연물 유래의 강력한 발암 물질로 알려져 있습니다. 1960년 영국 잉글랜드 지방에서 봄부터 여름에 걸쳐 약 10만 마리 이상의 칠면조가 사망했는데, 그 원인이 아플라톡신으로 밝혀지면서 주목받기 시작했어요. 케냐에서는 2004년 아플라톡신 중독이 발생해 300명 이상에게 황달 등의 증상이 나타났고, 125명이 사망한 것으로 알려졌지요. 또한 아플라톡신 소량을 오랫동안 섭취했을 경우 만성 독성으로 인해 원발성 간암이 발병할 가능성이 높다고 보고되었어요.

아플라톡신에는 적어도 10여 종의 화합물이 존재하며, 아플라톡신B_1, B_2, G_1, G_2, M_1, M_2는 특히 독성이 강하므로 주의가 필요합니다. 아플라톡신B_1은 독성이 매우 강하고 DNA와 결합해 변이나 복제 저해를 일으키는 등 암의 원인이 되기도 해요. 이외에도 아플라톡신을 다량 섭취할 경우 급성 간장애를 일으키는 것으로 알려져 있는데, 이때 주요 증상은 황달, 급성 복수증, 고혈압, 혼수 등이 있습니다.

아플라톡신은 어디에 들어 있을까?

과거 일본에서는 아플라톡신B_1 검출량이 1kg당 10μg을 초과한 식품을 규제 대상으로 정했습니다. 그러나 현행 식품위생법에서는 국제적 동향을 감안하여 '모든 식품에서 아플라톡신(B_1+B_2+G_1+G_2의 합산) 총량이 1kg당 10μg을 넘지 않아야 한다'라고 규정하고 있습니다.

아플라톡신은 땅콩, 옥수수, 율무, 메밀가루, 육두구, 백후추, 피스타치오, 말린 과일, 자연 치즈 등 많은 식품에서 검출됩니다. 전 세계적으로 농산물에 대한 오염이 다수 발생하고 있다고 볼 수 있어요. 치즈의 경우 아플라톡신B_1에 오염된 사료를 젖소가 섭취한 뒤 체내에서 B_1이 M_1으로 전환되었고, 이 젖소에게서 얻은 우유에 아플라톡신이 생성된 사례도 있어요.

아플라톡신을 생산하는 균주의 분포도를 살펴보면 지역이 한쪽으로 치우쳐진 것을 알 수 있습니다. 아플라톡신에 의한 농산물 오염이 남미, 아프리카, 동남아시아에서 많이 발생하는 데 비해 일본이나 북유럽에서는 거의 발생하지 않았어요. 조사 결과 균주가 분포한 지역의 연평균 기온이 섭씨 16도보다 따뜻한 지역이었지요.

아플라톡신은 가정에서 분해나 제거가 어렵기 때문에 견과류 등에 곰팡이가 피었다면 다른 쪽에도 이미 퍼져 있을 확률이 높으므로 먹지 않는 것이 좋습니다. 다른 식품도 곰팡이가 발견되었다면 역시 먹지 말고 버려야 합니다.

독이 있는 버섯들

호야 아키히코

　일본에는 이름을 가진 버섯이 약 3,000종가량 분포하고 있습니다. 이 중 독성을 지닌 독버섯은 약 300종이며, 먹으면 사망할 수도 있는 맹독 버섯은 약 30종으로 알려져 있어요. 아직 이름이 없는 버섯까지 포함하면 일본에는 약 5천~1만 종의 버섯이 존재하는 것으로 추정됩니다. 새로운 독버섯이 발견될 가능성도 있다는 뜻이지요.

　어떤 버섯이 식용이고 또 어떤 버섯이 독버섯인지 구분하는 것은 쉽지 않아요. 게다가 다음에 나올 표처럼 버섯에 대해 잘못 알려진 상식이 있으니, 전문가의 힘을 빌리지 않으면 위험할 수도 있습니다.

독버섯 삼대장

　유독 중독 사고가 많은 독버섯은 화경버섯, 삿갓외대버섯, 담갈색송이입니다. 일본 버섯 중독 사고의 약 60%를 차지한다니 삼대장이라 불릴 만하지요?

　화경버섯은 너도밤나무, 졸참나무, 고로쇠나무 등의 고목에 무리 지어 자랍니다. 식용으로 친숙한 표고버섯, 느타리버섯, 참부채버섯 등과 모양 및 색상이 상당히 비슷해 구별이 어려워요. 화경버섯에는 일루딘S, 일루딘M, 네오일루딘과 같은 유독 성분이 들어 있어 섭취하면 짧은 시간에 구토, 설사 등의 소화기계 증상을 일으킵니다.

　삿갓외대버섯은 외대덧버섯이라는 식용 버섯과 외형이 닮았을 뿐만 아니라 비슷한 시기, 비슷한 환경에서 자라기 때문에 헷갈리기 쉽습니다. 이 때문에 식용 버섯으로 착각해 잘못 섭취해 식중독에 걸리기도 해요. 삿갓외대버섯에는 콜린, 무스카린, 무스카리딘 등의 유독 성분이 들어 있어 구토와 설사를 유발합니다.

담갈색송이는 외형이 매우 수수합니다. 무척 먹음직스럽게 보이지만 잘못 섭취하면 위장 계통의 증상을 일으켜요. 이들 삼대장에 이어 중독 사고가 많은 버섯은 마귀광대버섯, 저림가락지버섯, 독깔때기버섯, 독우산광대버섯 등이에요.

사망에 이르게 하는 독버섯

독우산광대버섯 한 개는 성인 한 명분의 치사량을 가지고 있습니다. 그 독성분은 아마톡신류로, 세포 내의 유전자 기능을 정지시키며 결과적으로 단백질, 즉 생명을 유지하는 데 필요한 물질의 합성을 저해합니다. 치료가 제때, 충분히 이뤄지지 않으면 세포가 파괴되고 간은 구멍이 숭숭 뚫린 스펀지처럼 변하여 사망에 이르게 돼요. 아마톡신류를 함유한 버섯은 매우 많으므로 주의를 기울여야 합니다. 야생 버섯은 함부로 먹지 않아야 하며, 만약 잘못 먹고 이상을 느끼면 즉시 토해 내고 병원으로 가야 해요.

표 잘못 알려진 버섯 상식

✕	자루가 세로로 찢어지는 버섯은 먹을 수 있다.	버섯의 자루 부분은 세로로 찢어지는 성질이 있다. 대부분의 독버섯도 마찬가지다. 예를 들어 독성이 강한 독우산광대버섯도 자루가 세로로 찢어진다.
✕	수수한 색의 버섯은 먹을 수 있다.	삿갓외대버섯, 화경버섯, 담갈색송이를 비롯해 독버섯은 대부분 수수한 색을 띠고 있다. 반면 달걀버섯처럼 색이 선명하면서 식용 가능한 버섯도 있다.
✕	벌레 먹은 버섯은 사람도 먹을 수 있다.	화경버섯이나 독우산광대버섯 등의 독버섯도 벌레가 먹을 수 있다.
✕	가지와 함께 요리하면 먹을 수 있다.	가지에 해독 작용은 없으므로 함께 조리해도 중독된다. 또한 끓는 물로 제거되는 유독 성분은 거의 없다.
✕	건조하면 먹을 수 있다.	담갈색송이나 독우산광대버섯 등의 경우 건조해도 중독된 사례가 있다. 건조한다 해도 유독 성분은 분해되지 않는다.
✕	소금에 절인 뒤 물로 씻으면 먹을 수 있다.	대부분의 독버섯에서는 효과가 없다. 소금에 절인 버섯에 의한 중독도 발생한다.

출처: 일본 도쿄 복지보건국 〈식품위생의 창〉

13 투구꽃과 아코니틴

호야 아키히코

맹독으로 알려진 투구꽃은 미나리아재비과 초오속의 식물입니다. 전 세계에 약 300종, 일본에는 약 70종이 분포하고 있어요. 초오속 꽃은 독특한 형태를 가져 다른 식물과 구별되지만, 꽃이 피지 않은 시기에는 특별한 주의가 필요해요. 예를 들면 잎의 모양이 같은 미나리아재비과의 남방바람꽃과 비슷합니다. 남방바람꽃의 잎은 산나물로 먹는데, 종종 투구꽃 잎을 남방바람꽃 잎으로 오인해 중독 사고가 발생하기도 해요.

투구꽃은 생약으로도 이용합니다. 다만 그대로 사용하기에는 독성이 너무 강하기 때문에 반드시 해독 처리를 거쳐야 해요.

투구꽃 중독 증상

투구꽃을 먹으면 탈진이나 전신 권태감, 입술 저림, 구역질 또는 구토, 두근거림, 가슴 통증 등의 초기 증상이 나타나는 것으로 알려져 있습니다. 증상이 가벼운 경우에는 심실성 기외수축, 중증이 되면 어지럼증, 혈압 저하, 사지 마비, 의식 장애 등을 일으키고 경련과 호흡 기능 상실까지 진행되면서 사망할 수도 있어요.

투구꽃 중독의 원인이 되는 성분은 알칼로이드계 아코니틴입니다. 아코니틴은 줄기와 잎, 꽃에도 존재하는데, 특히 뿌리에 많이 포함되어 있어요. 아코니틴이 체내에 흡수되면 신경 세포의 나트륨 펌프와 결합합니다. 그 결과 나트륨 통로는 계속 열린 상태가 되고 나트륨 이온이 끊임없이 신경 세포 속에 유입됩니다. 결국 신경 세포의 기능은 상실되고 혈압 저하와 경련, 호흡 기능 상실 등을 일으킵니다.

아코니틴과 범죄 사건

아코니틴을 함유한 투구꽃은 예로부터 치명적인 유독 식물로 알려졌습니다. 티베트족이나 아이누족 등은 화살에 바르는 독으로 사용하기도 했다고 해요. 1986년 일본에서는 아코니틴을 사용한 살인 사건이 발생했는데, 이 사건에서는 아코니틴뿐만 아니라 복어 독으로 알려진 테트로도톡신도 사용되었어요. 범인은 두 독성 물질을 동시에 사용해 독의 영향이 나타나기까지 시간이 걸리도록 만든 다음, 그사이 알리바이를 만들려 했다고 합니다.

복어 독으로 알려진 테트로도톡신은 아코니틴과는 반대되는 작용, 즉 신경 세포의 나트륨 통로에 선택적으로 결합하여 통로가 닫힌 상태가 되도록 만드는 물질입니다. 신경 세포에 대한 나트륨 이온 유입이 중단되면 신경 전달이 불가능해져 마비나 호흡 기능 상실이 나타납니다.

그렇다면 테트로도톡신과 아코니틴을 동시에 섭취할 경우 체내에서 어떤 일이 일어날까요? 두 물질 모두 신경 세포의 나트륨 통로에 결합하지만, 그 작용은 완전히 반대입니다. 따라서 아코니틴과 테트로도톡신을 동시에 섭취하면 직후에는 서로 작용을 방해해 치명적인 영향을 받지 않는 것으로 알려져 있습니다. 하지만 일정 시간이 지나 한쪽의 작용이 사라지면 다른 물질이 신경 세포에 치명적인 영향을 끼치고 결국 사망에 이르게 되지요.

약물의 현주소

가이누마 모토시

마약과 각성제는 인간의 정신을 현혹해 황폐하게 만드는 약물로 반드시 멀리해야 할 화학 물질입니다. 마약이란 '마약 및 향정신약 관리법'에 의해 지정된 약물을 총칭하는 말이에요. 여기에는 양귀비 유래의 알칼로이드류 및 합성 마약, 코카 잎에 함유된 알칼로이드, LSD 등의 합성 마약류가 포함되지요. 또 각성제는 각성제 관리법으로 지정된 약물의 총칭이며 암페타민, 메스암페타민 등을 포함합니다. 그밖에 약물 의존성을 유발하는 물질로는 아편과 대마가 있으며 일본에서는 각각 아편법과 대마 관리법으로 규제하고 있어요.

의존성 약물의 폐해

앞서 언급한 약물 의존성이란 니코틴이나 알코올 등과 같은 약물을 사용하여 습관이 될 뿐만 아니라 점차 그 사용량이 늘어나 결국 약물 없이 살 수 없게 되는, 신체적, 심리적 중독 상태를 말합니다. 약물 복용을 중단하면 호흡 곤란, 지각 이상, 정신 착란과 같은 신체적 의존성을 일으키기도 하지요. 특히 코카인의 경우는 약물을 구하기 위해서라면 수단과 방법을 가리지 않을 만큼 정신적 의존도가 높은 것으로 알려져 있어요.

마약과 각성제

마약을 대량으로 먹으면 의식 장애, 혼수상태로 인해 호흡이 멈출 수 있어 즉시 처치하지 않으면 사망에 이르게 됩니다. 한편 강력한 진통 작용과 도취감, 행복감을 주는 마약은 말기 암 환자의 통증을 덜어주고 생활의 질을 유지하는 데 없어서는 안 될 약물이기도 합니다. 그래서 세계보건기구(WHO)는 해당 환자에 대해 적극적으로 투여할 것을 권장하고 있어요. 그

뿐만 아니라 마약은 수술할 때 마취제로도 사용된답니다.

각성제는 사실상 의약품으로서의 가치는 없어요. 오히려 의존성의 강도와 유해성, 후유증으로 인해 전 세계적으로 엄격하게 규제되고 있지요. 일본에 남용되고 있는 것은 대부분 메스암페타민으로 보통 국외에서 제조되어 밀수입된 것이에요. 사용자에 의한 범죄와 사고가 끊이지 않아 사회적 폐해가 매우 심각해요.

새로운 위협으로 떠오른 위험 약물

위험 약물이란 마약류 관리법이나 각성제 관리법의 규제(화학 구조식에 의한 규제)를 역으로 이용하여, 탈법(즉 합법, 법이나 법규를 지키지 않고 교묘히 빠져나가 법률상으로 문제가 없는 상태)이라 여겨져 온 의존성 화학 물질을 말합니다. 약물을 사용하여 발생하는 증상은 매우 다양해요. 그래서 원인 불명의 의식 장애나 불안·경련을 일으키는 환자 일부는 위험 약물에 노출되거나 중독되었을 수도 있지만, 약물 일부나 복용 정보 등이 확보되지 않는 이상 정확한 진단을 내리기 어려워요.

특히 위험 약물들은 성분의 곁사슬이 빠르게 바뀌기 때문에 기존 대응으로는 규제하는 데 한계가 있습니다. 그래서 일본 정부는 의약품·의료기기법(구 약사법)상의 지정 약물로서 새로운 대응에 나섰고, 2013년 4월에는 포괄 지정 제도를 도입하여 화학 구조 일부가 공통된 물질들을 포괄적으로 파악하는 새로운 규제를 내놓았습니다.

2012년 12월, 68종이었던 규제 지정 물질은 2013년 12월에는 1,360종, 2015년 7월에는 2,306종으로 늘어났습니다. 일본 경찰청 발표(2015년 3월 5일)에 따르면 2014년 적발한 위험 약물 사례는 규제 대상 확대의 영향으로 전년도의 4.8배에 달하는 840명으로 집계되었고, 약물로 인해 사망한 사람도 160명에 달했어요.[2]

---

2 스자키 신이치로 외, 〈違法薬物 (麻薬 · 覚醒剤 · 危険 ドラッグ)規制と警察対応について 불법 약물(마약 · 각성제 · 위험 약물) 규제와 경찰 대응〉『救急医学 응급의학 39』 p.835~840, 2015년

독극물을 피우다, 담배

오가와 도모히사

담배를 한 모금 빨아들일 때, 그 연기 속에 얼마나 많은 화학 물질이 포함되어 있는지 생각해 본 적이 있나요? 지금까지 밝혀진 것만으로도 거의 4,000종에 달합니다. 추정하기로는 수만~수십만 종 이상이 될 것이라고도 하지요. 곧 살펴볼 세 가지 성분 외에 벤젠, 1,3-부타디엔 벤조피렌, 4-(메틸나이트로사민)-1-(3-피리딜)-1-부탄은 같은 발암 물질 등의 유해 성분만 해도 200종이 넘으며, 그 대부분이 허용 범위를 초과할 위험이 있는 것으로 알려져 있어요. 결국 담배는 독극물이나 마찬가지지요.

또 흡연량이 증가함에 따라 폐암 사망률도 기하급수적으로 증가했습니다. 특히 직접 흡연은 다양한 사망 원인 중에서도 사망 위험이 큽니다. 간접 흡연도 위험하긴 마찬가지예요. 직접 담배를 피우지 않고 노출만 되어도 폐암, 심혈관 질환, 호흡기 질환, 영유아 돌연사 등이 발생하고 있어요. 흡연은 더 이상 담배를 피우는 사람만의 문제가 아닙니다.

담배의 주요 성분 세 가지

니코틴, 타르, 일산화 탄소는 담배의 주요 유독 성분입니다. 니코틴과 타르는 국제표준화기구(ISO)가 정한 방법으로 측정·표시할 의무가 있습니다. 캐나다에서는 일산화 탄소 표시도 의무화되어 있어요.

니코틴은 니코틴성 아세틸콜린 수용체를 통해 약리 작용에 따라 모세 혈관을 수축, 혈압을 상승시키고 동공 수축, 오심, 구토, 설사 등을 일으킵니다. 또 두통, 심장 장애, 불면 등의 중독 증상, 과량 투여의 경우 구토, 의식 장애, 경련이 발생하기도 해요. 급성 치사량은 영유아 10~20mg(담배 0.5~1개비), 성인 40~60mg(2~3개비)입니다. 영유아가 실수로 담배를 먹거나 꽁초가 들어간 주스 등을 마셔 급성 독성 증상을 보이기도 하는데, 대부분은 니코틴에 의한 것입니다. 잦은 흡연에 따라 생기는 의존성 또한 니코틴에 의한 도파민 중추 신경계 흥분(탈억제) 때문으로 알려졌습니다.

한편 타르는 담배의 입자 성분으로 '댓진'이라고도 합니다. 흡연으로 인해 담뱃잎에 들어 있는 유기 물질이 열 분해되어 발생하는데 여기에는 니코틴 외에도 여러 가지 발암 물질, 발암 촉진 물질, 기타 유해 물질이 포함되어 있습니다.

마지막으로 일산화 탄소는 적혈구 속의 헤모글로빈과 결합하여 산소 운반을 방해합니다. 그래서 담배를 자주 피우면 피울수록 뇌세포와 전신 세포의 만성적인 산소 결핍을 초래해요. 또한 니코틴의 혈관 수축 작용에 따라 관상 동맥 및 뇌혈관의 동맥 경화를 유발합니다.[3]

사진 담배 연기에는 수많은 독성분이 포함되어 있습니다.

---

3   참고 : 일본 후생노동성 〈최신 담배 정보〉

영유아의 화학 물질 사고는 어떻게 대처할까?

가이누마 모토시

어린아이들은 기어다니기 시작하면 손에 닿는 것은 무엇이든 입에 넣습니다. 굴러다니는 장난감, 기저귀부터 리모컨, 책 등 집에 있는 물건이라면 뭐든 넣고 보지요. 그런데 집안에는 세제, 화장품, 건조제, 살충제, 의약품, 원예용품, 담배 등 화학 물질이 넘쳐납니다. 이들은 모두 중독 사고를 일으키는 원인이 되는 물질이에요.

만약 어린아이가 무언가를 잘못 삼켜 식도에 들어간 경우, 목 안쪽의 좁은 부분이 막히면 전신 마취 후 꺼내기도 합니다. 식도에서 위까지 내려가면 대부분 대변과 함께 나오지만, 단추형 전지처럼 식도나 위에 구멍을 뚫는 것도 있습니다. 그러므로 병원에서 신속히 진료를 받아 무엇이 어디를 막고 있는지 파악해야 해요.

소화 기관 같은 몸속의 기관에 들어가면 긴급 조치와 119 신고가 필요합니다. 특히 아이가 숨을 쉴 수 없는 경우, 응급 처치가 아이의 생사를 가를 수 있으므로 미리 응급 처치 교육을 받는 것도 매우 중요합니다.

사고를 막기 위한 좋은 방법은, 화장지 심지를 기준으로 삼아 심지를 통과하는 크기의 작은 물건은 아이 주위에 두지 않는 것입니다.[4]

---

4   현재 화학물질안전원에서는 화학물질종합정보시스템 (https://icis.me.go.kr) 을, 소방청에서는 국가위험물정보시스템 (hazmat.mpss.kfi.or.kr) 을 운영하고 있습니다. 각 사이트에서 위험한 화학 물질을 검색할 수 있고 각 물질을 위험물안전관리법에 따라 어떻게 다뤄야 하는지도 소개되어 있으며 화학 물질을 검색하면 응급조치요령도 찾을 수 있습니다.
    이외에도 국민재난안전포털에 접속하여 재난예방대비 – 국민행동요령 – 사회재난요령 – 화학물질사고 탭을 클릭하면 화학 물질 사고가 발생했을 때 어떻게 대피해야 하는지, 어떤 점을 주의해야 하는지도 알 수 있습니다.

제2장

환경 문제를
일으키는 화학 물질

호야 아키히코

과거 우리 삶을 편하게 해 주었던 물질이 그 안전성을 둘러싸고 큰 사회적 문제가 되는 경우가 있습니다. 그러한 물질의 대표적인 예인 PCB와 DDT 등의 유기 염소 화합물을 소개하고자 합니다.

PCB(Polychlorinated biphenyl, 폴리염화 바이페닐)는 단일 화합물이 아닌 두 개의 벤젠 고리가 결합된 바이페닐의 염소화 동족체 혼합물입니다. 물에 잘 녹지 않고 전기 절연성이 좋으며, 난연성, 내열성 및 내약품성도 뛰어나 매우 안정적인 물질이지요. PCB는 주로 변압기, 콘덴서, 열매체 등에 이용되었습니다. 한편 DDT(Dichloro-diphenyl-trichloroethane, 디클로로 디페닐 트리클로로에탄)는 살충제 또는 농약으로 사용되었던 물질입니다.

규제 대상이 된 유기 염소 화합물

사람들은 유기 염소 화합물이 인체에 미치는 영향에 대해 걱정했습니다. 이에 1970년대 이후 유기 염소 화합물은 규제 대상이 되었어요. 1974년에는 PCB의 사용이 아예 금지되어 대량의 PCB가 회수, 보관되었습니다. 하지만 화학적 안정성 때문에 아직도 효과적인 분해법을 찾지 못하고 있어요. 2004년 5월 17일에는 '잔류성 유기 오염 물질(Persistent Organic Pollutants, POPs)에 관한 스톡홀름 조약'(POPs 조약)이 발효되었습니다.

현재 PCB, DDT, 디엘드린, 알드린, 다이옥신 등 12종류의 유기 염소 화합물군이 POPs로 지정되어 있습니다. 말라리아 퇴치 대책으로 일부 지역에서 사용이 가능한 DDT를 제외하면 대부분의 국가에서 POPs는 사용이 금지되고 제조도 중단된 상태예요.

왜 위험이 계속 확산할까?

POPs는 생물에 대한 독성이 강하고 쉽게 분해되지 않으며 농축되기 쉽습니다. 예를 들어 바다로 흘러들어간 POPs는 플랑크톤에 흡수되어 그것을 먹이로 하는 물고기에 축적됩니다. 결국 먹이 사슬에 의해 유해 물질이 축적되는 생물 농축이 발생해 생태계의 상위에 있는 동물들에게 POPs가 고농도로 축적되지요.

또한 POPs는 발생원으로부터 멀리 떨어진, 과거에 사용 사례가 없었던 고위도 지역에서도 고농도로 검출되고 있습니다. 그야말로 전 지구 규모의 확산이 지금도 진행되고 있는 것입니다. 과연 어떤 원리로 확산하는 것일까요?

POPs는 저위도 지역에서 쉽게 기화되어 대기의 흐름을 타고 고위도 지역으로 이동합니다. 그리고 고위도 지역에서는 한랭한 기후에 의해 식어 지표면으로 쏟아집니다. 고온의 저위도 지역에서 저온의 고위도 지역이나 고산 지대로 화합물이 이동하는 것이지요. 이렇게 POPs가 광범위하게 퍼지는 현상을 마치 메뚜기가 뛰어가는 것처럼 보인다 해서 '메뚜기 효과'라고도 불러요.

POPs는 휘발성 유기 화합물 및 중금속류와 함께 인체 및 생태계에 악영향을 줄 우려가 있습니다. 한번 환경 속으로 방출되면 화학적 안정성이 높기 때문에 장기간에 걸쳐 잔류하고, 결국 인체와 생태계에 지속적으로 악영향을 미칩니다.

무색의 발암 물질, 다이옥신

호야 아키히코

유기 염소 화합물 중 하나인 다이옥신류는 PCB, DDT와 더불어 소량을 섭취하더라도 인체에 축적돼 치명적인 결과를 낳는 물질입니다. 주로 쓰레기를 소각할 때 공기 중으로 방출되는, 즉 의도치 않게 발생하는 유해 물질이지요.

베트남 전쟁과 다이옥신

다이옥신이 주목을 받기 시작한 계기는 베트남 전쟁 때문입니다. 1961년 미군은 베트남 삼림에 제초제를 살포하기 시작했습니다. 이는 군사 작전의 일환으로 시야를 가리는 삼림을 제거하여 적군의 거점을 공격하기 위해서였어요. 그 후에도 약 10년간 대량의 제초제가 계속해서 살포되었습니다.

이때 사용된 제초제의 주성분은 식물의 성장 호르몬과 비슷한 작용을 하는 물질이었습니다. 그런데 제초제를 만들던 중 다이옥신의 일종인 2,3,7,8-TCDD가 합성되어 제초제에 혼입되었어요. 이 물질은 태아에 강력한 영향을 미쳤고, 후에 태어나는 아이들에게 심각한 장애를 일으켰습니다.

2,3,7,8-TCDD를 비롯한 다이옥신류는 잘 분해되지 않고 지방 성분에 잘 녹기 때문에 체내에 쉽게 축적됩니다. 심지어 물리 화학적으로 안정된 상태라 토양 등에 오래 남을 수 있어요. 베트남에서는 오늘날에도 이 물질로 인한 피해가 계속되고 있습니다.

다이옥신이란?

다이옥신은 염소를 가진 벤젠 고리가 두 개로, 이들은 산소를 통해 결합하고 있습니다. 다이옥신의 종류는 매우 다양한데, 염소의 결합 위치와 개수도 다양하고 이에 따른 독성의 강도도 다릅니다. 가장 독성이 강하다고 알려진 것이 앞서 등장한 2,3,7,8-TCDD입니다. 동물 실험 등을 통해 기형이나 암을 유발한다는 사실이 밝혀졌어요.

반수 치사량(노출된 집단의 절반을 죽일 수 있는 유독 물질의 양)이나 독성이 나타나는 방법은 동물종에 따라 다릅니다. 미량으로 즉사하지는 않지만, 시간이 지나며 독성이 나타나는 것이 다이옥신류의 특징입니다. 따라서 다이옥신을 조금씩 장기간에 걸쳐 체내에 흡수했을 때의 영향도 연구할 필요가 있어요.

다이옥신류는 생체 내의 다양한 호르몬 작용을 저해하여 생식, 면역 등에 악영향을 미칠 가능성이 높아 환경 호르몬의 일종으로 분류되곤 합니다. 최근 연구에서는 야생 동물이 인간보다 높은 농도의 다이옥신류를 축적하고 있다는 사실이 밝혀졌어요. 야생 동물에게 축적된 다이옥신류가 생태계와 우리에게 어떤 영향을 끼칠지 진지하게 고민해야 할 시점입니다.

그림 2,3,7,8-TCDD 구조식

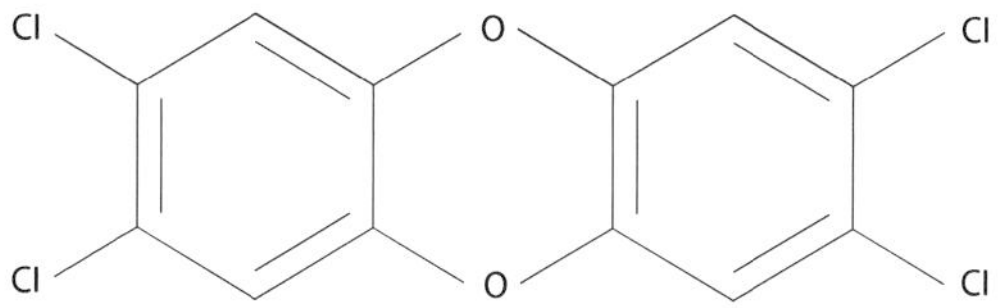

오염과 트리클로로에틸렌

이케다 게이이치

인간의 활동은 자연환경에 존재하지 않았던 다양한 유해 물질을 만들어 냈고 지금도 여전히 만들고 있습니다. 유해 물질 대부분은 방대한 양이 환경 속으로 방출된 후에야 발암성, 기형 유발성과 같은 독성이 있는 것으로 판명되었어요. 결국 우리는 소 잃고 외양간 고친다는 속담처럼 뒤늦게 대책을 강구하는 셈이지요.

오염을 일으키는 세 가지 유기 염소 화합물

유기 염소 화합물 중 특히 문제가 되는 물질은 '트리클로로에틸렌'과 '테트라클로로에틸렌', 그리고 '트리클로로에탄'입니다. 모두 기름을 녹이는 데 뛰어난 성질을 지녀 공업 분야에서는 도금 처리, 반도체 공장에서는 유분 세정제, 생활 속에서는 드라이클리닝 세제나 살충제의 용제로 이용됩니다. 그러나 독성이 있는 것으로 밝혀지면서 지금으로부터 약 40년 전 트리클로로에틸렌의 사용이 금지되었습니다. 트리클로로에탄은 1996년에 사용이 금지되었으나, 규제가 시작되기 전에 이미 공장 폐수 등을 통해 자연에 대량 방출되고 말았어요. 테트라클로로에틸렌은 최근까지 드라이클리닝에 사용되었고 폐기에도 엄격한 규제가 없었기 때문에 지하로 침투한 경우도 많은 것으로 추정하고 있습니다.

돌고 돌아 다시 우리에게로

이러한 오염 물질은 자연환경에서는 거의 분해되지 않습니다. 따라서 오랜 시간에 걸쳐 빗물과 함께 땅속으로 스며들고, 오염으로부터 수십 년이 지난 후에야 지하수에서 검출되지요. 제한된 범위의 토양 오염의 경우 제거 가능하지만, 지하수에 도달하면 오염이 광범위해지기 때문에 전 지역에서 제거가 불가능해요. 현재 일본은 생활용수는 전체의 21%, 농업용수는 5.3%를 지하수에 의존하고 있습니다. 하지만 유독 물질이 발견되어 사용할 수 없게 된 지하수가 증가하는 가운데 아직도 효과적인 오염 제거법을 찾지 못해 사회적 문제로 남아 있습니다.

그림 트리클로로에틸렌, 테트라클로로에틸렌,
  1,1,1−트리클로로에테인 구조식(왼쪽부터)

그림 유해 물질 침투 및 확산의 원리

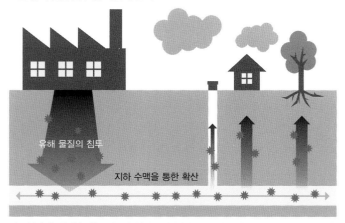

지표면에서 심도가 깊지 않은 토양 오염이라면 그 자리에 머물지만, 지하수에 유해 물질이 도달하면 수맥을 통해 더 넓은 지역으로 오염이 확산됩니다.

우리 주변의 물건들은 다양한 재료로 만들어집니다. 그중 가볍고 성형이 쉬우며 각종 약품 등에도 강한 소재로써 이용되는 것이 바로 플라스틱(합성수지)입니다. 플라스틱은 내약품성이 강하다는 장점이 있지만, 한편으로는 폐기물 처리가 어렵다는 단점도 있습니다.

플라스틱, 무엇이 문제일까?

대부분의 플라스틱은 석유·석탄으로 만들어지며 기본적으로 소각을 통해 폐기됩니다. 이때 대규모 열과 이산화 탄소가 발생하여 환경에 좋지 않은 영향을 미칩니다. 최근에는 연소로 폐기하는 것이 아닌 미생물로 분해하는 생분해성 플라스틱(그린 플라스틱)이 주목을 받고 있어요. 기존 플라스틱과 동일한 기능을 가지면서도 폐기 후 땅속이나 물속에서 미생물에 의해 분해되어 궁극적으로는 완전히 사라지는 플라스틱입니다.

영국에서 개발된 '바이오폴(Biopol)'은 1980년대에 널리 알려진 생분해성 플라스틱으로, 독일 등에서도 이용되었어요. 이는 박테리아가 식물 전분으로부터 합성하는 폴리에스테르 계열 플라스틱으로 폐기 후 땅속이나 물속에 두면 짧게는 몇 달, 길게는 몇 년 안에 분해되었답니다.

일본에서도 여러 제조사가 생분해성 플라스틱이나 이를 활용한 제품을 개발하고 있습니다. 쓰레기봉투나 비닐봉지, 식품 용기, 문구 등으로 상품화가 진행되고 있으며 방충제 용기로 채택한 회사도 있어요. 일반 소비자들 사이에서도 환경 문제에 대한 인식이 높아지고 있으나, 비용 등의 문제로 일본 국내에서 생분해성 플라스틱 보급 확대는 아직 미미한 실정입니다.

의료 현장과 생분해성 플라스틱

최근 의학 분야에서 주목받고 있는 생분해성 플라스틱으로 '폴리젖산 (PLA)'이 있습니다. 옥수수를 발효시켜 얻은 폴리젖산은 체내에서 천천히 분해되고 분해 산물인 젖산은 그대로 체내 대사 과정에 사용할 수 있어요.

또 생분해성 플라스틱은 봉합사나 수술 후 체내에서의 지혈, 접합, 뼈와 같은 조직 재구축 시 일시적인 보조 재료로 이용되고 있습니다. 플라스틱은 다양한 기능을 담당하는 소재이기도 해 여러 형태로 도움을 주고 있답니다.

사진 생분해성 플라스틱 상품의 예

1997년 1월, 계절풍에 휩쓸린 러시아 유조선 나홋카호가 일본 연안에 좌초하여 대량의 기름을 바다 위에 유출하고, 산인에서 호쿠리쿠 지방에 걸친 해안에 표착했습니다. 일본 최초의 원유에 의한 대규모 환경 오염 사고였지요. 다수의 자원봉사자와 현지 주민들이 수개월간 국자, 흡착 매트 등으로 기름을 제거하기 위해 열심히 작업하던 모습은 지금도 많은 이들의 기억 속에 남아 있을 것입니다. 당시 많은 노력에도 불구하고 상당량의 기름이 회수되지 않았습니다. 하지만 그로부터 수년 후 해안에서 더 이상 기름의 흔적은 찾아볼 수 없었어요. 과연 남은 기름은 어디로 사라진 것일까요?

기름은 모두 분해되었어요. 물속의 박테리아처럼 눈에 보이지 않는 작은 생물과 미생물이 기름을 물이나 탄산 가스로 분해한 것이랍니다. 흙이나 물속에는 기름 외에도 농약이나 PCB, 트리클로로에틸렌 등의 유해 화합물을 분해하는 미생물이 살고 있어요.

미생물의 힘으로 환경을 복원하는 바이오레메디에이션

인간이 미생물의 힘을 빌려 오염된 환경을 깨끗하게 만드는 것을 '바이오레메디에이션(Bioremediation)'이라 합니다. 여기에는 오염 장소에 서식하는 미생물에게 활력을 불어넣는 바이오스티뮬레이션(Biostimulation) 기술과 강력한 분해균을 주입하는 바이오오그멘테이션(Bioaugumentation) 기술이 있어요.

바이오스티뮬레이션 기술은 1989년 알래스카 앞바다에서 발생한 발데스호 기름 유출 사고 당시 처음으로 활용되었어요. 당시는 미생물 생육에 필요한 질소, 인 등을 포함한 영양 염류를 오염된 바다에 살포하고, 바닷속 석유 성분을 분해하는 바닷속 미생물에 영양을 공급하여 원유 분해를 촉진

했습니다.

또한 1990년에 일어난 멕시코만 기름 유출 사고 때는 바이오오그멘테이션이 활용되었으며, 여러 종의 원유 분해 미생물을 모아 만든 제제가 오염 해역에 투입되어 성과를 거두었어요. 현재 미국에서는 이러한 미생물 제제가 기름 오염 처리제로써 정부의 검정·인가를 받아 판매되고 있답니다.

나홋카호 사고를 계기로 일본에서도 바이오 환경 복원 기술 개발이 활발해졌고, 국내 및 쿠웨이트 오염지에서 시도되며 성과를 거두고 있습니다. 또 1999년 봄에는 환경청으로부터 바이오레메디에이션을 실시하기 위한 지침이 제시되어 실용화가 진행 중이에요.

이외에도 공장이나 아파트를 짓기 전에 화학 물질에 의한 토양이나 지하수 오염 상황을 조사하고, 깨끗하게 정화하지 않으면 토지를 매도하거나 아파트를 지을 수 없도록 합니다. 이렇게 바이오 환경 복원 기술은 다양한 곳에서 사용되고 있어요.

그림 미생물에 의한 기름 분해

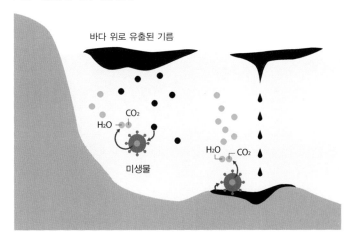

기온이 높고 햇볕이 강한 날에는 광화학 스모그 주의보가 발령될 수 있습니다. 마치 하얀 안개가 긴 것처럼 보이기 때문에 광화학 스모그라 불러요. 생물에게 해로운 물질인 광화학 옥시던트가 대량으로 발생했을 때 경보가 발령되지요.

일본에서는 1970년대 광화학 스모그로 인한 피해가 큰 논란이 되었고, 후에 대기 환경과 오염도가 개선되며 광화학 스모그의 발생도 줄어들었습니다. 그러나 1990년대 이후 주의보 발령 건수가 다시 증가했고 발령 지역도 넓어졌어요.

광화학 옥시던트란?

광화학 옥시던트는 눈과 목을 자극하고 몸에 대량 유입되면 호흡 곤란이나 두통, 의식 장애를 일으키는 물질입니다. 산화력이 강해 화학적으로 반응하기 쉬운 옥시던트 중 태양광, 즉 광화학 반응으로 생성된 것을 말하며 대부분은 오존 분자(O_3)입니다.

성층권에 존재하는 오존 분자는 지상의 생물을 자외선으로부터 보호하는 '착한 물질'이지만, 지표 부근에 존재하는 오존 분자는 생물의 건강과 식물의 생육에 악영향을 미치는 '나쁜 물질'입니다.

오존 분자는 산소 원자(O)와 산소 분자(O_2)가 만나 생겨요. 지표 부근에서 산소 원자는 이산화 질소 분자(NO_2)가 태양광에 의해 분해되며 발생하지요. 이산화 질소는 자동차 배기가스 등 화석 연료 연소로 배출되는데, 이산화 질소 자체에도 독성이 있지만 더 독성이 강한 오존 분자를 생성하는 것이 심각한 문제예요.

광화학 스모그는 어떻게 발생할까?

광화학 스모그는 이산화 질소 외에도 탄화수소류 기체가 공기 중에 존재하기 때문에 발생합니다. 이 기체가 OH 라디칼이나 산소 등과 반응하여 생성된 물질은 이산화 질소의 광분해로 생긴 일산화 질소(NO)를 이산화 질소로 되돌립니다. 결국 산소 원자의 발생원이 재생되므로 오존 분자가 대량으로 발생하게 되지요. 탄화수소류 역시 화석 연료가 연소하며 만들어집니다. 또한 화석 연료의 연소로 배출되는 물질로부터 오존 분자 외에 광화학 옥시던트도 함께 생성됩니다.

증가하는 광화학 옥시던트

일본에서 이산화 질소나 탄화수소류는 배출 규제에 의해 감소하고 있지만, 광화학 옥시던트는 매년 아주 조금씩 증가하고 있습니다. 지역에 따라서는 광화학 옥시던트가 삼림이 황폐해지는 원인 중 하나가 되기도 해요.

오존 분자는 바람을 타고 매우 광범위하게 확산됩니다. 산성비 원인 물질과 마찬가지로 일본에서는 중국발 월경성 대기 오염의 영향도 증가 원인 중 하나로 보고 있습니다. 심각한 대기 오염으로부터 국민을 보호하기 위해, 동아시아 전체가 협력하여 대책을 강구하는 것이 우리가 당면한 과제입니다.[5]

표 광화학 스모그 예보, 주의보, 경보 발령 기준

예보	1시간 평균 0.12ppm 이상의 발생이 예상됨
주의보	1시간 평균 0.12ppm 이상 발생
경보	1시간 평균 0.24ppm 이상 발생

---

5 현재 연중 평균치는 0.03ppm, 1970년대에는 최고 0.3ppm, 환경 기준은 0.06ppm 이하

자외선을 막는 오존층

후지무라 요우

태양 광선에는 피부와 눈, DNA를 손상시키는 자외선이 포함되어 있습니다. 대부분 자외선은 지상으로부터 10~50킬로미터에 위치한 성층권에 있는 오존층이 흡수해 버리기 때문에 지상에 도달하는 자외선의 양은 많지 않습니다. 오존층은 해로운 자외선으로부터 생물을 보호하는 장벽이라 할 수 있어요.

아주 적은 양으로도 작용하는 오존

오존 분자는 산소 원자 세 개가 연결된 삼각형 모양의 분자입니다. 산소 원자와 산소 분자가 만나 생성되지요. 오존층은 다른 고도에 비해 대기 중 오존 분자의 비율이 높은 영역을 말해요. 물론 비율이 높은 곳이긴 하지만 대기의 주성분인 질소 분자나 산소 분자와 비교하면 약 10만분의 1정도입니다.

오존 분자가 자외선을 흡수하면 산소 원자와 산소 분자로 나뉘는데, 산소 원자는 주위에 대량으로 존재하는 산소 원자와 만나 곧바로 오존 분자로 되돌아갑니다. 이 사이클을 반복하기 때문에 지상의 생물을 보호하는 오존층은 안정적으로 존재할 수 있어요.

오존층의 생성 과정

약 46억 년 전 지구가 생겼을 무렵, 대기 중에 존재하는 산소 원자와 산소 분자, 오존 분자는 극히 미량이었습니다. 가장 오래된 생물은 무려 약 38억 년 전 유해한 자외선이 닿지 않는 바닷속에서 발생한 것으로 알려져 있어요. 그 후 바닷속 식물이 광합성에 의해 산소 분자를 발생시켰고, 바다로부터 대기 중으로 조금씩 산소 분자가 이동하여 대기 중의 오존 분자의 양도 늘어났습니다. 오존 분자가 증가함에 따라 지상에 닿는 자외선이 약해져 식물이 육지로 올라갈 수 있게 되었지요. 이 모든 일이 약 4억 년 전의 이야기예요.

오존 분자가 생성되려면 산소 원자가 필요합니다. 산소 원자는 태양 광선에 미량 포함된 고에너지의 자외선이 산소 분자를 두 개의 산소 원자로 분리할 때 얻을 수 있어요. 그런데 이 자외선은 대기 중 산소 분자의 양이 늘어나며 점차 지표에 닿지 못하지요. 그래서 처음에는 지표 근처에 형성되었던 오존층이 점점 상공으로 올라가게 된 것이랍니다.

파괴되는 오존층

냉매 등에 많이 사용한 프레온류는 상당히 안정된 물질로, 사용 후 공기 중에 방출되면 성층권까지 도달합니다. 프레온 가스가 오존층을 파괴한다는 이야기는 많이 들어봤을 겁니다. 1970년대에 들어서 프레온이 어떻게 오존층을 파괴하는지 밝혀졌어요. 프레온은 성층권에 쏟아지는 강한 자외선에 의해 분해되어 염소 원자(Cl)를 방출합니다. 이 염소 원자(Cl)는 오존 분자를 산소 분자로 바꾸는 반응을 반복적으로 일으켜 오존층을 파괴하지요.

1980년대 말부터 프레온류 사용을 규제하면서 전 세계 오존 분자 전량은 2000년 이후 느린 증가세로 돌아섰습니다. 하지만 성층권에는 염소 원자와 프레온이 남아 있기 때문에 1970년대 당시의 오존 분자량까지는 아직 회복되지 않았습니다.

그림 오존의 발생 · 분해 · 재생

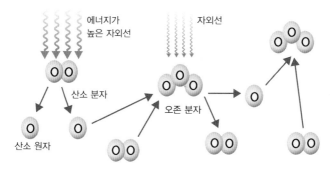

에너지가 높은 자외선

자외선

산소 분자

오존 분자

산소 원자

메탄이나 에탄 등의 탄화수소 중 수소를 불소나 염소 등으로 대체한 화합물을 플루오르카본, 프레온 등으로 부릅니다. 이 물질들은 독성이 매우 낮고 불연성이기 때문에 화학적·열적으로 안정된 상태지요. 그래서 실온에 가까운 온도에서 액화 또는 기화시킬 수 있어요.

이러한 성질 덕분에 냉장·냉동 장치에 사용하는 냉매(열을 운반하는 물질)나 용제로서 최적인 물질로 여겨졌습니다. 개발 당시(1928년경)에는 꿈의 물질이라는 별명도 얻었어요. 프레온류는 냉장·냉동설비 보급과 함께 제조와 유통이 증가하고 사용량이 폭발적으로 확대되었습니다. 하지만 1970년대에 프레온류가 오존층을 파괴한다는 사실이 밝혀지며 사용을 규제하려는 움직임이 시작되었어요.

냉매제와 프레온

다음에 나올 표는 냉매제로 널리 쓰이는 가스를 정리한 것입니다. 그중 특정 프레온 및 지정 프레온은 염소 원자를 포함하고 있기 때문에 오존층을 파괴하는 성질을 가집니다. 훗날, 이 프레온류는 몬트리올 의정서에 의해 제조·유통·사용이 규제되었어요. 특정 프레온은 일본을 포함한 선진국에서 1995년까지 제조가 중단되었고, 지정 프레온은 아직 사용하지만 대부분 선진국에서는 점차 제조와 사용을 중단하기로 결정했습니다.

대체 프레온은 안전할까?

이러한 프레온을 대체하기 위해 대체 프레온이 개발되었습니다. R-134a는 대표적인 냉매용 대체 프레온으로 현재도 널리 사용하고 있어요. 또한 메탄이나 에탄 등의 탄화수소 중 수소 원자 전부를 불소로 대체한 퍼플루오르카본(PFCs, 과불화탄소)이나 육플루오르화황(SF6, 육불화황)도 프레온의 대체제로 반도체 제조 공정의 에칭, 세척에 사용하고 있습니다. 이 가스들은 오존층을 파괴하지 않지만 온실 효과에 심각한 영향을 미칩니다. 게다가 잘 분해되지 않아 대기 중에 배출하는 대신 회수해야 하므로, 사용 절감 및 대체 가스 개발이 절실합니다.

탄화수소는 오존층을 파괴하지 않고 빠르게 분해되므로 온실 효과에 미치는 영향이 적어 냉매로 사용하고 있어요. 일본에서는 2002년 논 프레온 냉장고가 잇따라 출시되었는데, 이들 제품은 이소부탄(R-600a)을 냉매제로 사용합니다. 이외에도 이산화 탄소나 암모니아를 냉매제로 사용하는 등 탈 프레온 움직임은 앞으로 더욱 가속화될 것으로 보입니다.

표 대표적인 냉매용 가스

냉매 번호	명칭	화학식	구분	오존 파괴 계수[6]	지구온난화 계수[7]
R-1	CFC-11	CCl_3F	특정 프레온	1.0	4,600
R-12	CFC-12	CCl_2F_2	특정 프레온	1.0	10,600
R-115	CFC-115	$CClF_2CF_3$	특정 프레온	0.6	7,200
R-22	HCFC-22	$CHClF_2$	지정 프레온	0.055	1,700
R-502	(R-22 : R-115＝48.8 : 51.2의 혼합물)			0.334	5,600
R-134a	HFC-134a	CH_2FCF_3	대체 프레온	0	1,300
R-600a	HC-600a	$CH_3CH_2(CH_3)_2$	이소부탄	－	－

6 CFC-11을 1.0으로 설정했을 때의 값
7 이산화 탄소를 1.0으로 설정했을 때의 값

9

이산화 탄소와 온실 효과

후지무라 요무

지구를 따뜻하게 만드는 에너지원은 무엇일까요? 바로 태양광입니다. 하지만 태양광만으로는 지표 온도가 영하 18도 밖에 되지 않아요. 현재 지표 평균 온도가 섭씨 15도임을 생각해 볼 때 그 차이는 무려 약 33도나 됩니다. 이 차이를 메우는 온도 상승은 '온실 효과'라 불리는 대기의 보온 효과 덕분이에요.

이 작용을 하는 기체는 온실가스라 불리며, 온실가스에 의해 지구의 물은 얼음이 아닌 액체 상태를 유지하고 인간이나 다른 생물이 존재할 수 있답니다.

온실가스와 적외선

대표적인 온실가스에는 수증기(H_2O, 지구 대기의 약 1%)와 이산화 탄소(CO_2, 지구 대기의 약 0.04%)가 있으며 이들은 적외선을 잘 흡수합니다. 지구 대기의 주성분인 질소와 산소는 적외선을 흡수하지 않지만, 대부분 다른 분자는 적외선을 흡수하여 온실 효과를 나타냅니다. 메탄 (CH_4), 아산화 질소 (N_2O), 프레온류도 모두 온실가스입니다.

우리는 평소 느끼지 못하지만, 지구 표면에서는 전자파의 일종인 적외선이 나옵니다. 우리 몸의 표면에서도 나오지요. 체온 분포를 표시하는 적외선 서모그래피는 인체에서 나오는 적외선량을 측정해 알아보기 쉽도록 색을 입힌 것이랍니다.

만약 온실가스가 없으면 어떻게 될까요? 지표에서 나온 적외선은 그대로 우주로 날아갈 것입니다. 그런데 온실가스가 있으면 지표에서 나온 적외선의 에너지가 온실가스에 축적되어, 절반은 우주로 방출되고 나머지 절반은 지표를 향해 돌아옵니다. 즉 온실가스에 의해 지표 부근에 에너지가 축적되어 온도가 상승하는 것이지요.

태양계 다른 행성의 경우 금성은 이산화 탄소가 주성분인 두꺼운 대기에 덮여 있어, 지표의 온도가 무려 490도에 달한다고 합니다.

이산화 탄소는 왜 문제가 될까?

1990년대 후반부터 이산화 탄소 배출량 절감이 전 세계적 과제가 되었습니다. 이는 인간 활동에 따라 발생한 이산화 탄소가 온난화를 악화시키고, 온난화는 많은 사람들의 생활에 영향을 미치는 기후 변화를 초래하기 때문이에요. 질량으로 비교하면 이산화 탄소보다 온난화에 미치는 영향력이 큰 온실가스도 있어요. 하지만 이산화 탄소는 인간이 배출하는 양이 많으므로 항상 신경 써야 합니다.

그림 온실 효과의 원리

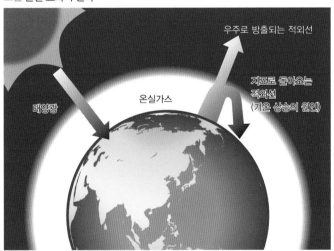

10

대기 오염과
자동차의 관계

이케다 게이이치

자동차 엔진은 가솔린이나 디젤을 주 연료로 사용합니다. 수소와 탄소의 화합물을 주성분으로 하는 유기 연료를 태우고 이때 발생하는 열과 압력을 구동력으로 바꾸어 달릴 수 있지요. 유기 연료가 연소, 즉 산소와 결합하면 대부분 물(수증기)과 이산화 탄소가 됩니다. 하지만 산소와 충분히 결합하지 않은 잔여물이나 공기 중 질소가 고온에서 반응한 것, 연료에 포함된 불필요한 황분 등이 일산화 탄소나 휘발성 유기 화합물(탄화수소), 질소 산화물, 황 산화물 등으로 배출됩니다.

최근의 노력, 남겨진 우려

자동차 배기가스는 수증기와 이산화 탄소를 제외하면 아주 적은 양으로도 인체에 해를 끼치는 물질뿐입니다. 한편 건강에 나쁜 영향을 미치는 휘발성 유기 화합물(VOC) 중 자동차 주행에 의한 것이 전체의 22%입니다. 생각보다 적은 편이지요? 1970년대에 배출 가스 규제가 시행되고부터는 자동차에 따른 대기 오염 물질 배출을 대폭 억제할 수 있었습니다. 나아가 최근에는 전기 자동차나 하이브리드 자동차가 늘어났고 무해한 물(수증기)만 배출하는 수소 자동차도 개발되어 도로 위에서 만날 수 있지요.

일본 국내 자동차 보유 대수는 조금씩 증가하고 있어요. 대부분 보통 엔진이 장착된 차량이지요. 이들이 가솔린이나 경유, 천연가스 등 유기 연료를 태우는 한 이산화 탄소는 계속 발생할 것입니다. 따라서 지금은 에너지 절약 주행을 염두에 두고, 오염 물질 배출을 억제하기 위한 노력이 필요한 단계입니다.

그림 자동차 배출 가스의 종류

배기관

배기가스
일산화 탄소, 탄화수소, 질소 산화물

연료탱크, 기화기 등

증발 가스
탄화수소, 황 산화물

엔진

블로바이(blow-by) 가스
탄화수소, 황 산화물

그림 인체에 유해한 탄화수소(휘발성 유기 화합물 VOC)의 배출 비율

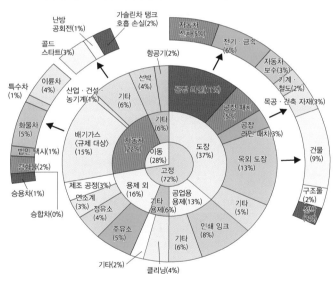

출처: 일본 국립환경연구소 〈VOC 발생원과 자동차의 기여, 터널 조사 결과〉

11

폐식용유로 연료를 만든다?

와다 시게오

가정이나 식당 등에서 사용한 튀김유와 같은 폐식용유를 원료로 연료를 만들 수 있다면 어떨까요? 이것이 '바이오 디젤'(이하 BDF)연료랍니다. 원래대로라면 폐기해야 하지만 쓰레기 수거차나 버스 등에 사용되는 연료로도 만들 수 있습니다. 바이오 디젤 기술을 사용하면 쓰레기를 줄일 수 있고 석유 자원 소비량 또한 줄일 수 있는 장점이 있습니다.

바이오 디젤의 시작

1897년 독일의 루돌프 디젤은 '원조 BDF'라 할 수 있는, 땅콩기름을 연료로 하는 디젤 엔진을 개발했습니다. 이후 세계 각지에서 화석 연료를 사용하였는데, 이번에는 미국에서 현재 실용화가 진행 중인 BDF의 뿌리가 등장했습니다.

BDF는 폐식용유에 메탄올을 혼합해, 알칼리 촉매의 힘을 빌려 만들어지는 지방산 메틸 에스테르라는 물질입니다. 식용유보다 점성이 적은 산뜻한 유상 액체지요. 한편 다양한 사용처를 거쳐 나온 폐식용유를 원료로 하기 때문에 만들어진 BDF의 품질에 편차가 발생할 수 있습니다.

불순물을 제거하는 기술 등도 활발히 연구가 진행되었는데, 품질 기준으로서 일본 교토시가 책정한 '교토 스탠다드'가 잘 알려져 있습니다. 교토시가 BDF 제조 사업을 앞장서서 추진한 이유는 1997년 12월, 교토에서 개최된 유엔기후변화협약 당사국총회(COP3)에서 채택된 '교토의정서'가 큰 역할을 했어요. 같은 해 11월에는 교토 시내 쓰레기 수거차 220여 대에서 BDF를 사용하기 시작했지요.

이후 바이오 디젤 연료화 사업으로 발전하여 현재는 하루 약 5톤의 폐식용 식물유를 회수하여 5,000L의 고품질 BDF 연료를 생산할 수 있게 되었습니다.

바이오 디젤의 장점과 단점

BDF의 장점 중 하나는 이산화 탄소 배출 감소에 도움이 된다는 점입니다. 물론 BDF의 성분도 연소시키면 이산화 탄소가 발생하지만, 식물의 씨나 열매에서 짜낸 식물성 유지는 대기 중의 이산화 탄소를 흡수하여 광합성 과정에 사용하기 때문에 사실상 대기 중의 이산화 탄소를 늘리지 않아요. 이것이 탄소 중립이라는 개념입니다.

또 BDF는 경유와 연비가 비슷하고 배기가스 속 검은 연기의 양을 줄일 수 있는 등의 효과도 있습니다. 황 산화물 절감이 크게 기대되는 한편, 질소 산화물은 약간 절감되거나 증가할 것으로 예상됩니다.

단점으로는 회수되는 폐식용유에 품질 차이가 있어, 제조되는 BDF에도 품질의 편차가 생길 수 있다는 점입니다. 또 천연고무에 침투하여 영향을 주는 경우도 있지요. 또 BDF의 제조 과정에서 에너지를 소비하는데, 이는 경유를 비롯한 다른 연료를 제조할 때도 마찬가지입니다.

비록 단점도 있지만 새로운 연료로서 향후 또 다른 발전이 기대된다는 사실만은 틀림없어요. 지금은 교토시 외에도 많은 지방 자치 단체와 철도에서 바이오 디젤 기술을 활용하고 있답니다.

12

산성비를 만드는 이산화 황

이케다 게이이치

'아황산 가스'라는 별명을 가진 이산화 황에 대해 들어보았을 겁니다. 앞서 다룬 화산 가스에서도 만난 물질이지요. 아황산 가스 또는 이산화 황이라 하면 화산에서 나오는 유독 가스가 바로 떠오르겠지만, 현시점에서 방출량을 비교하면 화산보다 인간의 활동에 의한 것이 더 많습니다. 일본에서 관측되는 황 산화물 중 49%가 중국, 21%가 일본, 12%가 한국, 13%가 화산에서 방출되는 것으로 집계되었어요. 자연적으로 방출된 것보다 인공적으로 생성된 것이 약 6배 이상이나 많은 것입니다.

이산화 황은 인류의 산업 활동에 의해 발생합니다. 이는 화석 연료 때문입니다. 유황을 포함한 석탄이나 석유를 태우면 안에 들어 있던 유황 성분이 공기 중의 산소와 결합하여 황 산화물이 됩니다. 특히 유황이 많은 석탄을 태우면 대량의 이산화 황이 발생해 대기를 오염시킵니다. 과거 미에현 욧카이치 석유 화학 단지 사건에서도 공장에서 배출한 대량의 이산화 황이 공해병 중 하나인 '욧카이치 천식'의 원인이 되었어요.

국경을 넘어서는 환경 문제

욧카이치 석유 화학 단지 사건 이후, 일본은 자국 내 공장에서 배출되는 물질에 대한 규제를 강화하였습니다. 덕분에 이산화 황에 대한 오염은 개선되었지요. 하지만 이제는 국경을 넘어서 발생하는 대기 오염이 문제가 되고 있어요. 아시아 대륙에서 배출된 이산화 황이 그대로, 혹은 대기 중에서 광화학 반응에 의해 황산으로 바뀐 채 편서풍을 타고 일본에 오기 때문입니다. 황산이 빗물에 녹으면 산성비가 되어 지상에 쏟아지기도 합니다. 그 때문에 대기 오염과는 무관했던 지역에도 이산화 황으로 인한 대기 오염 및 산성비 피해가 발생했어요. 이처럼 이산화 황 등 황 산화물에 의한 환경 오염은 국제적 차원에서 대처해야 할 과제가 되었습니다.

표 황 산화물 SOx의 예

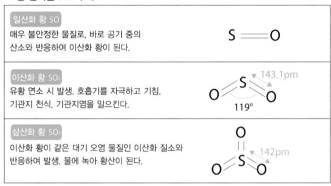

일산화 황 SO	
매우 불안정한 물질로, 바로 공기 중의 산소와 반응하여 이산화 황이 된다.	$S = O$

이산화 황 SO₂	
유황 연소 시 발생. 호흡기를 자극하고 기침. 기관지 천식, 기관지염을 일으킨다.	143.1pm 119°

삼산화 황 SO₃	
이산화 황이 같은 대기 오염 물질인 이산화 질소와 반응하여 발생. 물에 녹아 황산이 된다.	142pm

pm: 피코미터. $1pm=10^{-12}m$.

그림 이산화 황 반응 예

- 유황이 산화되면(연소하면) 이산화 황이 된다.
  $S+O_2 \rightarrow SO_2$

- 이산화 황이 물에 녹으면 아황산이 된다.
  $SO_2+H_2O \rightarrow H_2SO_3$
- 아황산이 공기 중에서 산화되면 황산이 발생한다.
  $2H_2SO_3+O_3 \rightarrow 2H_2SO_4$

- 이산화 황이 이산화 질소와 반응하면 삼산화 황이 발생한다.
  $SO_2+NO_2 \rightarrow SO_3+NO$
- 삼산화 황이 물에 녹으면 황산이 발생한다.
  $SO_3+H_2O \rightarrow H_2SO_4$

- 이산화 황이 구름 속 등의 과산화 수소와 반응하면 황산이 발생한다.
  $H_2O_2+SO_2 \rightarrow H_2SO_4$

13

대기 오염의 바로미터, 산성비

사마키 다케오

산성비는 유럽과 북미, 중국 등지에서 1960년대부터 주목받아 왔습니다. 산성비는 삼림 황폐화, 하천 및 호수의 산성화, 건축물 및 문화유산 부식의 원인이 되는 대기 오염이에요.

비가 산성을 띠는 것은 황산(H_2SO_4)이나 질산(HNO_3)이 비에 녹아 있기 때문입니다. 이들은 이산화 황 등의 황 산화물(SOx), 일산화 질소나 이산화 질소 등의 질소 산화물(NOx)에서 생깁니다. 비의 산성도는 자연 기원의 황 산화물과 질소 산화물에 인간이 화석 연료를 태워 발생시킨 것이 더해져 점점 더 강해집니다.

pH와 산성비의 기준

물질의 산성도는 pH로 나타내는데, 이를 '피에이치' 또는 '페하'라고 읽습니다. pH는 물질에 들어 있는 수소 이온 농도라고 할 수 있는데, 순수한 물의 경우 pH 7로 나타내며, 물 분자 5억 6천만 개당 1개의 수소 이온이 있는 상태를 말합니다. pH가 1씩 작아질 때마다 물 분자에 대한 수소 이온의 개수는 10배씩 늘어나 산성이 강해집니다.

산성비는 말 그대로 수소 이온의 농도가 높은 비입니다. 그런데 실제 비는 대기 중 이산화 탄소가 녹아 탄산이 생성되어 이미 약산성(pH 5.6) 상태입니다. 그래서 pH 5.6 미만이 산성비 기준 중 하나가 되었어요. 물론 자연 기원의 질소 산화물이나 황 산화물만으로도 pH 5.6 이하가 될 수 있습니다.

사실 산성비의 영향은 pH만으로는 판단할 수 없습니다. 대기 중의 암모니아(NH_3)는 비의 산성을 중화시키는데, 일본에서는 그 효과로 pH가 다른 곳보다 0.3 정도 높습니다. 하지만 비에 녹은 암모니아는 결국 질산(HNO_3)

으로 바뀌어 생태계에 산성비와 같은 영향을 미칩니다. 또 pH가 동일해도 강수량이 많은 일본의 경우 그만큼 많은 산성 물질이 토양과 하천, 호수에 쏟아지고 있다고 볼 수 있어요.

산성비와 대기 오염

일본 각지에 내리는 비의 pH는 평균 4.5~5.0 정도입니다. 유럽에서는 한 때 pH가 평균 4.0 정도였던 시기도 있었지만, 현재 일본, 동아시아, 유럽, 미국 등 비의 산성도는 거의 비슷합니다.

일본은 산성비의 영향이 서양만큼 두드러진 않는데, 토양에 산성을 중화하는 성분이 많은 것이 이유 중 하나로 꼽힙니다. 그러나 단자와, 오쿠닛코 등지에서 삼림이 황폐화되는 현상이 보고되었으며, 연구진은 이를 질소 산화물이 원인인 광화학 옥시던트와의 복합적인 영향으로 보고 있습니다.

이제 산성비를 그저 산성이 강한 비가 아니라 이산화 황이나 질소 산화물을 비롯한 대기 오염 전반의 문제로 인식할 필요가 있습니다.

그림 SOx이나 NOx로부터 산성비가 발생하는 과정

14 질산성 질소와 메트헤모글로빈 혈증

사마키 다케오

질산이란 화학 시간에 배우는 염산이나 황산과 같이 유명한 무기산의 일종입니다. 분자식으로는 HNO_3라고 표기하지요. H는 수소 원자, N은 질소 원자, O는 산소 원자이며, 수소 대신 칼륨(K), 나트륨(Na) 등이 들어간 것이 질산염입니다. 예를 들어 칼륨이 수소 자리를 차지하면 질산 칼륨(KNO_3)이 됩니다.

질산성 질소란 질산염에 포함되는 질소(N)를 말해요. 질산염은 물속에서, 예를 들어 질산 칼륨(KNO_3)의 경우 칼륨 이온(K^+)와 질산 이온(NO_3^-)과 같이 뿔뿔이 흩어져 있습니다. 물속에서는 질산성 질소가 질산 이온(NO_3^-)의 형태로 존재한다는 말입니다. 이러한 물속의 질산성 질소, 즉 질산 이온은 질소 비료, 가축의 분뇨나 생활 배수에 포함되는 질소 화합물이 산소와 반응하거나 분해되어 생성됩니다.

질산성 질소가 증가하면 어떻게 될까?

질산성 질소가 함유된 물을 어린 아기나 위액 분비가 적은 사람이 마시면 질산성 질소의 일부가 체내에서 아질산성 질소(아질산 이온 NO_2^-에 포함되는 질소) 형태로 흡수됩니다.

아질산성 질소가 혈액 속의 헤모글로빈과 결합하면 산소 운반 능력이 없는 메트헤모글로빈이 되어 빈혈 등의 건강 장애(메트헤모글로빈 혈증)가 발생할 수 있습니다. 이미 서양에서는 사망 사례도 다수 보고되었어요. 또 질산성 질소를 함유한 물을 마시면 위에서 발암성 물질인 N-니트로소 화합물이 생성될 수 있습니다.

따라서 수돗물, 지하수나 하천 등의 공공 수역에는 질산성 질소 L당 10mg 이하라는 수질 기준이 마련되어 있습니다. 이 수치는 질산성 질소 분해 과정에서 생기는 아질산성 질소를 포함한 수치입니다. 하지만 지하수의 경우 이 기준을 초과하는 사례가 다수 발견되고 있지요.

또 질산성 질소를 다량 함유한 물이 호수나 도쿄만 등지로 흘러 들어가면, 수중의 질소나 인과 같은 영양 염류가 증가하여 식물 플랑크톤 등의 생산 활동이 활발해지는 부영양화 현상이 발생할 수 있습니다.

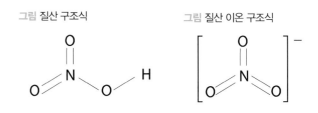

그림 질산 구조식   그림 질산 이온 구조식

그림 메트헤모글로빈 혈증이 발생하는 과정

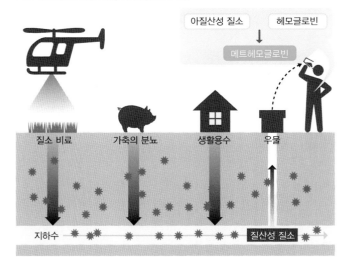

15

단순한 먼지가 아닌 분진

이케다 게이이치

넓은 의미에서 공기 중에 떠다니는 작은 물질은 모두 분진이라 할 수 있습니다. 일본의 대기 오염 방지법은 분진 중에서도 특히 사람의 건강에 악영향을 미치는 것을 '특정 분진'이라 정하고 있어요. 여기에는 폐암이나 중피종이라는 심각한 질병을 일으키는 석면이 포함되어 있습니다.

특정 분진 외에 먼지 역시 장기간에 대량으로 흡입하면 진폐증이라 불리는 폐질환의 원인이 되기도 해요. 진폐증은 돌, 석탄, 금속 등의 미세한 파편이 공기 중에 떠도는 광산이나 탄광 등 굴착 현장, 금속 가공 공장 등에서 발생하기 쉬운 질병으로 기침, 가슴 통증, 만성 호흡 곤란을 일으켜요.

2011년 3월 11일, 동일본 대지진으로 발생한 대량의 잔해로부터 석면이 흩날리고 해저의 진흙이 말라 먼지가 되면서 심각한 광역 분진 문제가 발생하기도 했습니다.

아주 작은 분진

물건을 태울 때 나오는 연기도 작은 미립자로 이루어져 있습니다. 하지만 분진이라 하지 않고 매연이나 매진이라고 불러요. 매년 초봄에 날리는 삼나무 꽃가루나 강풍에 날아오른 먼지와 모래, 대륙에서 날아오는 황사 등 자연 발생하는 것은 분진이라 할 수 있지요. 이들 물질에는 유해한 화학 물질이 부착되어 있다는 사실이 밝혀졌습니다.

미세 먼지란 무엇일까?

예전에는 10마이크로미터 이하의 유해한 미세 먼지에 대해서만 주의를 기울였지만, 최근에는 2.5마이크로미터 이하의 작은 미세 먼지가 새로운 문제로 등장했습니다. 발생원은 공장, 자동차, 화산, 토양 등 다양한 원인이 있으며, 성분도 단일 물질이 아닌 다양한 물질이 뒤섞인 혼합물입니다. 아주 작기 때문에 대기 중에 잘 떠다니고 사람이 흡입하기도 쉬워, 호흡기나 순환기에 미치는 영향이 우려되는 상황입니다.

미세 먼지를 비롯한 대기 오염 물질 농도에 대한 정보는 한국환경공단에서 운영하는 에어코리아(https://www.airkorea.or.kr)에 공개되어 있으며, 일기 예보에서도 정보를 얻을 수 있습니다.

한번 인체에 들어온 미세한 유해 물질을 배출하기란 매우 어렵습니다. 되도록이면 노출되지 않도록 조심하는 것이 가장 효과적인 예방법이랍니다. 미세 먼지 주의보나 경보가 발령되면 외출을 삼가고, 분진이 많은 장소에 갈 때는 고기능 마스크를 가장 착용하는 등 스스로 주의를 기울여야 합니다.

사진 미세 먼지, 삼나무 꽃가루, 모발의 크기 비교

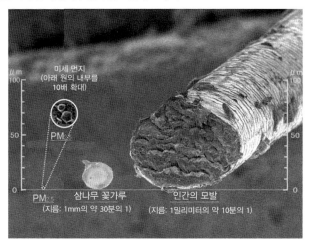

16

아직도 해결되지 않은 석면 문제

이케다 게이이치

공사장 옆을 지나가다 보면 '석면 주의' 또는 '석면 제거'라는 안내판을 볼 수 있습니다. 또는 뉴스에서 학교나 공공기관이 건물을 폐쇄하고 석면 해체 작업을 진행한다는 소식이나 석면 공장에서 일한 노동자가 회사를 상대로 손해 배상을 청구했다는 소식을 들어본 적이 있을 겁니다. 석면이 무엇이길래 소송까지 진행할까요? 그리고 왜 정부에서는 건물까지 닫아가며 석면 해체 작업을 진행하는 것일까요?

자연 광물인 석면

석면은 자연적으로 산출되는 광물입니다. 마그마가 굳어진 광물이 지하에서 높은 온도와 압력을 받아 가늘고 긴 섬유 모양으로 재결정된 것으로, 내구성, 내열성이 뛰어나고 단열성도 높지요. 이 특성을 살려 석면은 건설 자재(단열재)나 공업 제품, 가정용품 등에 폭넓게 사용되었습니다. 하지만 폐암이나 중피종의 원인이 된다는 사실이 알려지면서 전 세계적으로 사용이 금지되었습니다.

석면 섬유 하나의 굵기는 우리 모발의 수천분의 1로 아주 미세하기 때문에 공기 중에 쉽게 떠다닐 수 있습니다. 보통 폐에 들어간 먼지나 세균 등은 백혈구의 일종인 매크로파지에게 먹혀 분해되지만, 광물인 석면은 분해가 불가능합니다. 오히려 석면을 포섭한 매크로파지는 사멸하고 주위 세포가 변이를 일으켜 암이나 중피종의 원인이 됩니다.

앞으로도 계속될 석면 문제

지난 2011년 일본에서는 공산품 등을 포함한 모든 생산물에서 석면 사용을 금지했습니다. 그러나 과거에 지어진 건축물 등에는 아직 석면이 많이 남아 있어요. 공공시설의 경우 석면 비산 방지 조치가 취해졌지만, 전량 해체 및 폐기를 완료하기까지는 앞으로 30~50년이 더 걸린다고 합니다.

동일본을 강타한 대지진과 해일, 구마모토 지진으로 발생한 대량 잔해에서도 석면이 흩날릴 위험이 남아 있어요. 또한 국가 행사를 앞두고 노후화된 건물을 재건할 때에도 다양한 석면 대책이 필요한 상황입니다. 석면 문제는 지금도 존재하고, 앞으로도 계속될 것입니다.

사진 천장에 사용된 석면

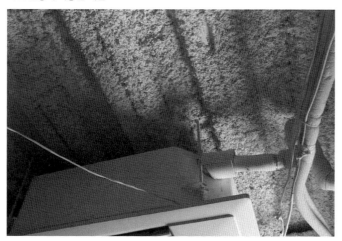

그림 석면이 사용되는 장소

건물 주차장
(넓은 장소의 분사형 단열재)

공장 배관
(L자형 배관이나 보일러 보온재 등)

학교 등 공공시설
(흡음 천장판)

17

우리 주변에 있는 유해 금속, 카드뮴

이케다 게이이치

니켈·카드뮴 전지(니카드 전지)는 휴대용 전기면도기나 무선 청소기 등, 충전하여 반복적으로 쓸 수 있는 가전제품에 사용합니다. 이 충전식 전지는 니켈과 카드뮴 두 종류의 금속을 이용해 만드는데, 문제는 카드뮴입니다. 독성이 있기 때문이지요. 공장에서 카드뮴 미립자가 포함된 증기를 흡입하는 등 대량으로 노출되면 급성 중독 증상을 일으키기도 해요. 또 인체에 축적된 카드뮴은 오랫동안 몸에 해를 끼치며, 극소량을 오랜 시간에 걸쳐 흡수해도 마찬가지입니다.

공해의 원인 물질, 카드뮴

카드뮴의 독성이 밝혀지기 전에는 광산에 위치한 공장에서 폐수를 강으로 대량 폐기하고 있었습니다. 이는 하류 지역 일대의 토양을 오염시키고 그곳에서 재배된 채소와 쌀을 거쳐 인체로 흡수되어 신장 기능 이상과 심각한 골연화증을 야기했어요. 이 병이 바로 일본의 4대 공해병 중 하나인 '이타이이타이병'입니다. 1910년부터 1970년대까지 걸쳐 도야마현 도야마시에서 피해가 발생했어요.

일본 식품위생법에서는 국제 기준에 따라 쌀의 카드뮴 함유량을 1kg당 0.4mg 이하로 제한하고 있습니다. 과거에는 기준치를 넘긴 쌀이 공업용으로 유통되어 전병 과자 등의 원료로 사용한 문제가 있었지만, 현재 기준을 초과한 것은 전량 소각·폐기되고 있어요.

카드뮴을 더 이상 환경에 방출하지 않기 위해 니카드 전지처럼 카드뮴을 사용하는 제품들은 그대로 폐기하는 대신 전자 제품 매장 등의 재활용 상

자에 넣어 올바르게 회수되도록 해야 합니다.[8]

표 원소 주기율표

카드뮴(Cd)은 원소 주기율표에서 세로로 보면 아연(Zn)과 수은(Hg) 사이에 위치합니다. 이중 아연은 부족할 경우 미각 장애(맛을 느끼지 못하는 증상) 등을 일으키는, 인체에 필수적인 원소입니다. 하지만 카드뮴이나 수은은 다릅니다. 수은도 인체에 유해한 금속으로 공장 폐수를 바다에 버리면 폐수 속 메틸수은이 어패류에 쌓이고, 이 어패류를 먹은 사람에게 수은이 흡수·축적되어 미나마타병, 제2미나마타병을 일으킵니다.

표 카드뮴의 주요 용도

• 니켈·카드뮴 전지(니카드 전지)의 전극
• 플라스틱 착색재 및 물감(특히 노란색 유화 물감)
• 반도체, 형광체, 태양 전지 재료
• 저온에서 녹는 특수 합금 성분(현재는 사용되지 않음)
• 일부 도금(현재는 거의 사용되지 않음)

8   식품의약품안전처 '유해 물질 간편정보지' (https://www.foodsafetykorea.go.kr)

18

원자가에 따라 독성이 완전히 다른 크로뮴

잇시키 겐지

크로뮴은 은백색의 단단하고 부서지기 쉬운 금속입니다. 자연계에서는 중성 원자로부터 전자 3개가 떨어진 상태(3가 크로뮴)와 6개가 떨어진 상태(6가 크로뮴)로 존재해요. 암석이나 광물에 포함된 크로뮴의 대부분은 3가 크로뮴입니다. 그러나 이들이 물에 녹으면 물속에 녹은 산소(공기로부터 옴)에 의해 산화되어 6가 크로뮴이 되지요. 따라서 하천이나 바닷물 속의 크로뮴은 대부분 6가 크로뮴입니다.

6가 크로뮴의 위험성

6가 크로뮴은 주로 다수의 산소 원자와 결합된 형태를 취하는데, 대표적으로 크로뮴산(CrO_4^{2-})과 중크로뮴산($Cr_2O_7^{2-}$)이 있습니다. 6가 크로뮴은 산화력이 매우 강하고 독성이 있어요. 국제암연구기관(IARC)도 발암성에 관한 과학적 증거의 확실성 분류에서 6가 크로뮴을 '1군', 즉 인체에 대한 발암성이 있는 것이 확실하다고 판단했어요.

6가 크로뮴은 페인트 색소의 원료나 도금용 약품으로 사용합니다. 하지만 부적절한 취급으로 작업자에게 피부 궤양, 비중격 천공, 폐암 등을 발생시키거나, 누출된 6가 크로뮴에 의해 주변 토양이나 지하수가 오염되는 등의 사고도 발생하고 있어요. 이 같은 독성 때문에 일본에서는 '인체 보호에 관한 환경 기준'을 정해, 수역 중의 6가 크로뮴은 1L당 0.05mg 이하로 규제하고 있습니다.

앞서 하천이나 바닷물 속의 크로뮴은 대부분 6가 크로뮴이라고 했지요? 바닷물 속 크로뮴 농도는 1L당 약 0.0001mg이며 크로뮴을 많이 포함한 지대를 흐르는 하천에서도 0.01mg을 넘는 경우는 거의 없어요. 따라서 인위적으로 6가 크로뮴을 방출하지 않는 한 걱정할 필요는 전혀 없답니다.

한편 3가 크로뮴에는 독성이 거의 없어 위험하지 않아요. 크로뮴은 체내에는 극히 미량으로만 존재하지만, 다양한 대사 유지에 관련되어 있는 필수 원소이므로 적정량을 섭취해야 해요.

스테인리스강과 3가 크로뮴

스테인리스강은 철에 크로뮴이나 니켈을 첨가한 합금으로, 금속 크로뮴을 13~25% 정도 포함하고 있습니다. 스테인리스강은 쉽게 녹슬지 않아요. 표면에 공기 중의 산소와 반응하여 생긴 얇은 산화 크로뮴 피막이 표면을 감싸 매우 강한 내식성을 가지기 때문이에요. 크로뮴 도금이 잘 녹슬지 않는 것도 같은 이유에서랍니다.

피막 속의 크로뮴은 3가 크로뮴이며 대부분 용해되지 않습니다. 또한 스테인리스강에서 6가 크로뮴이 녹아 나오는 일도 없지요. 그래서 우리는 스테인리스강 식기나 크로뮴 도금 접시 등을 안심하고 사용할 수 있어요.

그림 6가 크로뮴의 위험성(국제연합 GHS 문서에서 규정한 픽토g)[9]

건강 유해성	부식성	환경
호흡기 장애, 발암성, 생식 독성 등	금속 부식, 피부 장애, 눈 손상	수생 환경 유해성

9   GHS는 국제연합(UN)이 화학 물질의 유해성을 기준으로 한 분류 및 표시 시스템입니다. '급성 독성', '고압가스' 등 각종 픽토g 이 제품 라벨 등에 사용되고 있으며 2017년부터 사각 테두리를 빨간색으로 인쇄하는 것이 의무화되었습니다.

19

자연에도 존재하는 방사능과 방사선

야마모토 후미히코

방사선이나 방사성 물질에 의한 건강 피해는 본인뿐만 아니라 다음 세대에도 심각한 영향을 미칩니다. 방사선은 원자에서 전자를 방출시켜 이온을 생성(전리)하거나 필름을 감광할 정도의 강한 에너지를 가지며 알파선, 베타선, 감마선 등이 있습니다. 인체의 구성 성분을 변질시키거나 유전자에 손상을 주며 적정량 이상의 방사선에 노출될 경우 장애를 초래할 우려가 있어요. 이렇게 방사선을 만드는 능력을 방사능이라 부르고, 방사능을 가진 물질을 방사성 물질 혹은 방사성 핵종이라 불러요.

한편 인체가 방사선에 노출되는 것은 피폭(被曝, 입을 피, 사나울 폭)이라고 합니다. 원자 폭탄 등 폭탄에 의한 피해를 의미하는 피폭(被爆, 입을 피, 터질 폭)과는 한자도, 의미도 달라요. 방사선 장애에는 장기 기능 부전, 화상 등 곧바로 나타나는 장애와 암이나 백내장 같이 나중에 나타나는 장애가 있습니다. 모두 피폭량이 클수록 그 위험이 높아집니다.

자연계의 방사능

우리 주위에는 방사성 물질이 도처에 존재합니다. 방사선도 늘 쏟아지고 있어요. 우라늄이나 토륨, 라듐, 라돈, 방사성 칼륨 등은 지구가 생겼을 때부터 자연계에 존재했고 방사선은 대지로부터 방출되었습니다. 우주에서 쏟아지는 방사선도 있어 대기 중 질소와 반응해 방사성 탄소와 트리튬 등의 방사성 물질을 만듭니다. 자연에 존재하는 방사선을 '자연 방사선'이라고 부르는데, 이것만으로도 지구상 생명체는 누구나 연간 약 2.4밀리시버트(2.4mSv)의 피폭을 당하는 셈입니다. 여기서 시버트란 인체에 미치는 영향을 고려하여 나타낸 피폭 선량의 단위를 말합니다.

우리 몸속에도 방사성 물질이?

우리 몸속에도 방사성 물질이 있다는 사실을 알고 있나요? 지구상의 칼륨 중 약 0.02%는 방사성 칼륨입니다. 이 때문에 칼륨을 포함한 음식물을 먹으면 반드시 방사성 칼륨도 섭취하게 되고, 인체의 구성 성분이 됩니다. 방사성 칼륨 외에 방사성 탄소인 탄소-14도 인체 구성 성분 중 하나에요. 이들 방사능의 양을 합치면 1인당 약 7,000베크렐(Bq)정도지요. 여기서 베크렐은 방사선을 방출하면서 파괴되는 원자 수가 1초 동안 얼마나 되는지 나타내는 단위입니다.

이처럼 우리는 누구나 방사성 물질을 가지고 있고 항상 방사선을 방출하고 있습니다. 지구상에 사는 모든 생물들은 이러한 피폭을 피할 수 없어요. 물론 이론적으로 절대 안전한 방사선량은 없다고 말하지만, 자연 방사선 피폭으로 인한 건강 피해 증거는 아직 발견된 바가 없습니다.

그림 자연 방사선에 의한 연간 선량(2.4mSv/년)

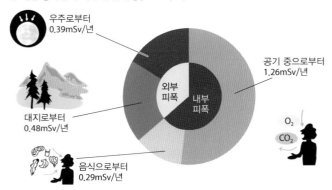

출처: United Nations Scientific Committee on the Effects of Atomic Radiation
〈UNSCEAR 2008 REPORT Vol.I〉

20

방사성 아이오딘과 세슘

사마키 다케오

2011년 3월 11일, 동일본 대지진의 영향으로 발생한 원자력 발전소 사고로 토양, 물, 채소 등 작물과 우유, 어패류 등이 방사성 물질, 특히 방사성 아이오딘과 세슘에 의해 오염되었습니다.

방사성 아이오딘은 어디서 생겼을까?

2011년 후쿠시마 제1원자력 발전소에서 지진으로 인해 방사능이 유출되는 원자력 사고가 발생하였습니다. 핵연료는 우라늄-235였는데, 여기서 235라는 숫자는 우라늄 원자핵의 양성자 수와 중성자 수를 더한 것입니다. 이렇게 숫자를 붙이는 이유는 같은 우라늄 원소 중에 우라늄-238처럼 중성자 수가 다른 것이 있기 때문이에요. 이를 구별하기 위해 원소명에 양성자 수와 중성자 수를 합한 숫자를 붙이는 것이지요. 이렇게 원자핵 내 양성자와 중성자 수로 특징지어지는 원자핵을 핵종이라고 합니다.

원자로에서는 핵분열로 발생하는 열에너지로 물을 데워 고온·고압의 수증기를 만들고, 이것으로 터빈을 돌립니다. 우라늄-235가 핵분열할 때, 우라늄 원자핵보다 작은, 다양한 방사성 핵종이 생성됩니다. 그중 아이오딘-131, 세슘-137의 생성량이 많고 그 외에도 세슘-134, 스트론튬-90 등이 생성됩니다. 이들 방사성 핵종은 연료봉 피복관 내 펠릿 속에 있어야 해요. 하지만 피복관이나 펠릿이 손상되거나 용융되어 원자로의 압력 용기와 격납 용기에 문제가 생기면 수증기 또는 물에 섞여 외부로 방출됩니다.

내부 피폭

방사성 핵종의 양이 절반이 될 때까지의 기간을 반감기라고 합니다. 아이오딘-131의 반감기는 약 8일, 세슘-137은 약 30년, 세슘-134는 약 2년이에요. 따라서 아이오딘-131은 8일 만에 절반으로, 그다음 8일 만에 4분의 1로, 그다음 8일 만에 8분의 1이 되어 약 1년이 지나면 거의 남아 있지 않습니다. 가끔 하수도의 슬러지(찌꺼기)에서 아이오딘-131이 검출되는 이유는 갑상샘 치료 등으로 체내에 주사된 방사성 의약품이 환자의 소변으로 배출되기 때문이에요.

한편 세슘-137은 1년이 지나도 그 양이 별로 줄어들지 않습니다. 후쿠시마 제1원자력 발전소에서는 세슘-137과 세슘-134가 약 1:1의 비율로 방출되었다고 추정되어, 약 2년 만에 처음 방출량의 60%, 3년 만에 약 50%까지 줄어들었을 것으로 짐작하고 있습니다.

방사선은 외부로부터 쬐는, 외부 피폭도 문제지만, 방사성 물질을 포함한 공기나 물, 음식물 등을 흡수했을 때의 내부 피폭에도 각별한 주의가 필요합니다. 아이오딘은 갑상샘에, 세슘은 칼륨과 비슷한 화학적 성질을 가져 근육에 쌓이기 쉽습니다. 현재로서는 후쿠시마 제1원자력 발전소 사고 당시 염려하던 수준의 내부 피폭은 없었던 것으로 보고 있지만, 계속해서 경과를 지켜봐야 합니다.

그림 방사성 물질이 쌓이기 쉬운 신체 부위

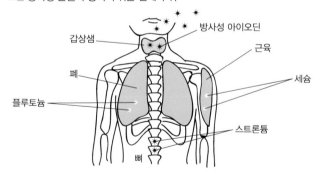

21

원자력 발전과 방사성 폐기물

후지무라 요우

방사성 폐기물이란 불필요한 방사성 물질, 또는 방사성 물질로 오염된 폐기물을 말합니다. 보통 원자력 발전에 의해 대량으로 발생하며 그밖에 방사성 물질을 사용한 의료 검사나 핵무기 보유국의 경우 핵무기 제조 공정에서도 발생합니다. 방사성 폐기물은 일반 쓰레기처럼 함부로 버릴 수 없어요. 엄격한 법에 따라 관리해야 하지요.

2011년 발생한 후쿠시마 제1원자력 발전소 사고로 슬러지, 제염 폐기물, 방사성 잔해 등 방사성 물질이 쏟아지면서, 전에는 상상할 수도 없었던 막대한 방사성 폐기물이 발생했습니다.

고준위 방사성 폐기물

방사성 폐기물 중에서도 원자력 발전 후에 남는, 사용이 끝난 핵연료 방사능은 매우 강력합니다. 옆에 몇 초만 있어도 사망에 이를 정도로 어마어마한 양의 감마선을 방출하기 때문입니다. 세계 각국에서는 이를 고준위 방사성 폐기물이라고 부르며 특별히 구분합니다.

일본의 경우 사용 끝난 핵연료 자체는 폐기물로 보지 않습니다. 대신 화학적 재처리로 플루토늄과 우라늄을 추출한 뒤 남은 폐액을 유리와 혼합하여 굳힌 유리 고화체를 고준위 방사성 폐기물이라 부르고 있어요.

매립해야만 하는 방사성 폐기물

방사성 폐기물은 모두, 결국에는 지하에 매립되어야 합니다. 일본에서도 원자력 발전소 조업으로 발생하는 방사능이 약한 폐기물(폐기재, 필터, 폐액, 소모품 등)의 경우 아오모리현 롯카쇼촌에 매립하고 있습니다.

그러나 고준위 방사성 폐기물의 지하 매립은 세계 어느 나라도 선뜻 나서지 못하고 있어요. 고준위 방사성 폐기물의 방사능은 점점 약해지지만, 반감기가 1만 년이 넘는 방사성 핵종도 포함되어 있기 때문입니다. 자칫하여 대량으로 누출되면 건강에 심각한 영향을 미칠 수 있어요. 그래서 깊이 300미터 정도인 땅속에 매립하게 되어 있는데, 이를 지층 처분이라 해요. 일본에서는 2002년부터 그 처분지를 공모하고 있지만 마땅한 후보지가 없어 2010년대 중반부터는 정부도 나서서 추진하고 있답니다.

처분지가 정해지더라도 지층에 대한 적성 조사와 건설에 10년 이상, 매립에 50년은 걸릴 것으로 예상됩니다. 고준위 방사성 폐기물 외의 기타 방사성 폐기물 중에도 방사능이 강하거나 건강에 미치는 영향이 큰 것들이 존재해, 원자력 발전은 다음 세대가 풀어야 할 난제를 남기고 있습니다.

표 원자력 발전에 의해 발생하는 폐기물

• 사용 후 핵연료 원자력 발전소의 원자로 내 저장 시설에 수납된 뒤 재처리 공장으로 보낸다.
• 고준위 방사성 폐기물 사용 후 핵연료의 재처리 시에 발생하는 폐액을 유리와 함께 굳힌 것(유리 고화체) • 저준위 방사성 폐기물 원자력 발전소 제어봉, 원자로 내 구조물, 폐기재, 필터, 폐액, 소모품 등
• 방사성 물질 오염 폐기물 · 대책 지역 내 폐기물(후쿠시마현 경계 구역 또는 계획적 피난구역 내에 있는 것) 도쿄전력 후쿠시마 제1원자력 발전소 사고로 방출된 방사성 물질을 포함한 재해 폐기물, 폐재 등 · 지정 폐기물 마찬가지로 방사성 물질을 포함한 소각재, 볏짚, 퇴비, 정수 발생토, 하수 슬러지 등

22

꿈의 핵연료였던 플루토늄

후지무라 요우

플루토늄은 천연에는 거의 존재하지 않는 원소로, 우라늄에 중성자를 충돌시킬 때 생성됩니다. 1940년 미국에서 처음 만들어졌지만, 핵분열이 용이하여 핵무기의 원료가 될 수 있었기 때문에 플루토늄 발견 사실은 아무에게도 알려지지 않았지요. 이윽고 세계 최초의 원자로가 원폭 플루토늄 생산용으로 만들어졌고, 1945년 8월에는 약 5kg에 달하는 플루토늄이 원자 폭탄에 사용되었습니다. 신원소 발견이 공표된 것은 제2차 세계대전 이후로, 그 후에는 원자 폭탄뿐만 아니라 수소 폭탄의 기폭 장치에도 사용되었습니다.

기대를 한 몸에 받은 핵연료

고속 증식로는 천연 우라늄과 플루토늄을 연료로 사용하는 특수 원자로입니다. 발전을 위해 사용하는 플루토늄보다 원자로 내 우라늄이 반응하여 생성되는 플루토늄의 양이 더 많은, 결과적으로 플루토늄을 생산하는 미래의 원자로지요.

우라늄은 핵연료로서의 수명이 100년도 채 되지 않고 천연 상태의 우라늄 가운데 핵분열이 쉬운 우라늄-235가 약 0.7%밖에 되지 않아 빈약한 자원으로 불립니다. 우라늄-238이 99.3%를 차지하는 것을 생각하면 정말 적은 양이지요.

고속 증식로는 매우 안정적이라 핵분열이 어려운 우라늄-238로부터 플루토늄을 만들어 내 1950년대에는 '인류에게 1,000년 이상 핵연료를 제공해 줄 미래의 에너지원'으로 기대를 한 몸에 받았습니다. 현재 러시아가 두 기의 고속 증식로를 운영 중이며, 중국도 가동 예정이라고 합니다. 일본은 2016년 몬주 고속로를 해체한 후, 프랑스와 고속 증식로 개발에 다시 나섰지만 중단된 상태입니다. 최근 서양에서도 다시 고속 증식로에 관심을 보이며, 나트륨 폭발을 막을 수 있는 기술을 이용해 새로운 원자로 개발에 나서고 있습니다.

최악의 독극물이라고?

플루토늄은 체내에 흡수되기는 어렵지만 공기 중에 떠다니는 플루토늄을 흡입하면 폐에 축적되기 쉽습니다. 또 뼈에도 축적되어 폐암이나 뼈암을 일으키기도 해요. 국제방사선방호위원회(ICRP)에 따르면 플루토늄을 흡입한 경우, 연간 섭취 한도는 겨우 300만분의 1g입니다. 최악의 독극물이라는 표현이 적절한지는 모르겠지만 매우 위험한 물질임은 확실합니다.

플루토늄의 현재

우라늄을 핵연료로 하는 일반 원자력 발전에서도, 가동 중 핵연료 내에서 발생하는 플루토늄 핵분열이 발전량의 약 30%를 차지합니다. 일본은 미래 고속 증식로 이용의 전 단계로서 사용 후 우라늄 연료로부터 플루토늄을 재처리하여 일반 원자로에서 사용하는 핵연료 사이클 정책을 취해 왔습니다.

하지만 이 방법은 경제적이지 않습니다. 게다가 사용 후 남은 연료의 처리도 쉽지 않아요. 현실적으로는 재처리 단계에서 많은 문제가 발생해 난항을 겪고 있지요.

핵무기 감축에 합의한 미국과 러시아는 핵무기 해체로 발생한 잉여 플루토늄 처리에 골머리를 앓고 있습니다. 한때 꿈의 핵연료로 불렸던 플루토늄은 애물단지로 전락하고 말았습니다.

그림 **플루토늄-239의 생성 과정**

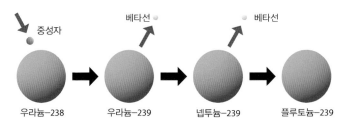

중성자 　 베타선 　 베타선

우라늄-238 → 우라늄-239 → 넵투늄-239 → 플루토늄-239

23

고속 증식로 몬주와 나트륨

후지무라 요무

1995년 12월 8일에 발생한 고속 증식로 몬주의 나트륨 누출 화재 사고는 일본 과학기술 역사상 중대한 사건 중 하나로 기록되어 있습니다. 앞서 말했듯이 고속 증식로는 발전하면서 핵연료인 플루토늄을 만들어 내는 미래의 원자로로서 기대를 모으고 있었어요. 하지만 나트륨 이용과 처리가 어려워 원자력 선진국들이 적극적인 개발에서 손을 뗀 뒤, 일본도 같은 수순을 밟게 된 것입니다. 사고의 원인이 초보적인 설계 실수였던 점도 문제가 되었습니다.

왜 위험한 나트륨을 사용했을까?

고속 증식로는 핵분열로 발생한 열을 물에 전달하는 냉각재로 액체 상태의 금속 나트륨을 사용합니다. 물과 반응하기 쉬운 나트륨이 얇은 금속제 배관의 벽을 사이에 두고 물과 맞닿아 있는 것입니다. 원자로 내를 흐르는 나트륨은 섭씨 500도 이상의 고온이기 때문에 배관 밖으로 새어 나오기만 해도 공기 중의 수분과 격렬하게 반응하여 나트륨 화재를 일으킬 수 있습니다.

나트륨을 냉각재로 사용하는 가장 큰 이유는 플루토늄-239의 핵분열로 발생한 고속 중성자가 나트륨과 충돌해도 속도가 줄어들지 않기 때문입니다. 이것이 플루토늄 증식의 열쇠이기도 하지요.

고속 중성자에 의해 플루토늄-239가 핵분열하면 발생하는 중성자의 개수가 약간 많아집니다. 이를 핵분열에 필요한 중성자와 더하면 원자로 내 우라늄-238을 플루토늄-239로 바꾸는 중성자를 가까스로 확보하게 되는 셈이지요.

전 세계의 많은 발전용 원자로는 가벼운 수소 원자를 가진 물을 냉각재로 사용하여 중성자를 감속시킴으로써 쉽게 핵분열이 일어나도록 합니다. 한편 고속 증식로는 중성자의 고속 상태를 유지하기 위해 무거운 원자를 가진 액체 금속을 냉각재로 사용합니다. 나트륨은 다루기 힘든 액체 금속 중에서는 문제가 적고 저렴하기 때문에 소거법에 따라 선택되었지만, 반응성이 높기 때문에 폭발 가능성은 항상 존재했습니다.

사고 이후의 몬주

사고 이후 가동이 중단됐던 몬주는 안전 대책을 충분히 취했다는 정부의 판단 아래 2010년 5월, 가동을 재개했습니다. 그러나 그해 8월 원자로 내에서 부품 낙하 사고를 일으켜 다시 중단했고 점검 누락, 허위 보고 등 심각한 관리 체제 문제가 이어졌어요. 이후로도 총 1조엔(약 10조원)의 비용을 들이며 가동과 중단이 반복됐고, 중단 상태에서도 유지비로 연간 200억엔이 소요되어 2016년 정부는 몬주를 폐로하기로 결정했습니다.

그림 고속 증식로 구조

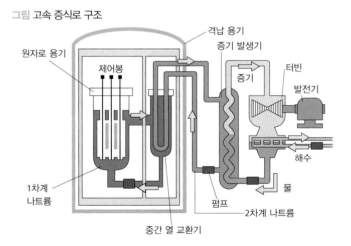

24

열화우라늄의 쓸모

후지무라 요무

열화우라늄이란 원자 폭탄이나 핵연료 제조에 필요한 우라늄 농축 공정에서 발생하는 우라늄입니다. 말하자면 찌꺼기와 같은 우라늄이기 때문에 대부분 원자력 발전소에서는 사용할 수 없어요.

열화우라늄의 방사능은 천연 우라늄보다 조금 약한 정도(약 60%)이며 우라늄 자체에도 다른 중금속과 비슷한 정도의 독성이 있습니다. 1991년 걸프전이나 2003년 이라크전 등에서 미군이 포탄으로 사용한 적도 있기 때문에, 현지 주민이나 귀환병에게서 발견되는 건강 피해와의 관계를 지적하는 사람도 있습니다.

우라늄 농축

천연 우라늄에 들어 있는 핵분열성 물질인 우라늄-235는 0.7%에 불과하고, 나머지 93.3%는 우라늄-238입니다. 우라늄-238은 스스로 핵분열이 불가능한 물질이에요. 따라서 원자력 발전소에서 핵연료로 사용한다면 우리는 최소한 약 3%의 우라늄-235를 포함한 농축 우라늄이 필요합니다.

농축 우라늄은 우라늄-235 원자와 우라늄-238 원자의 근소한 질량 차이를 이용한 원심 분리 등을 통해 얻을 수 있어요. 이때 우라늄-235의 함유량이 0.2~0.3% 정도로 줄어든 열화우라늄도 농축 우라늄보다 몇 배나 더 생성됩니다.

사실은 무용지물인 열화우라늄

열화우라늄은 고속 증식로가 실현되면 플루토늄-239를 생산하기 위한 우라늄-238로 이용 가능하기 때문에 일본에서는 자원 취급을 받고 있습니다. 하지만 지금은 아무 쓸모가 없는 폐기물에 가까운 존재라고 할 수 있어요.

우라늄 농축 과정에는 우라늄이 자유롭게 움직일 수 있도록 기체인 육불화우라늄을 사용합니다. 육불화우라늄은 상온에서는 고체지만 섭씨 56.5도의 그리 높지 않은 온도에서 기체로 변합니다. 또한 육불화우라늄이 담긴 용기는 쉽게 부식하기 때문에, 누출되면 공기 중 수분과 반응하여 독성이 있는 불화 수소를 발생시킵니다. (일본에는 약 1만 톤이 있는 것으로 추정)

무기가 되는 열화우라늄

다른 물질에 비해 보관이 까다로운 열화우라늄은 금속 우라늄의 밀도가 큽니다. 철의 2.4배, 납의 1.7배 정도 되지요. 이 성질을 이용해 비행기나 헬리콥터 기체의 무게 균형을 맞추는 무게 추로도 사용하고 있어요.

또한 열화우라늄은 무기로도 사용됩니다. 그 이유는 열화우라늄을 탄두로 한 포탄의 관통력이 높고 발화가 쉬워지는 등 무기로서의 성능이 뛰어나기 때문입니다. 하지만 폐기 불가능한 방사성 물질을 무기로 사용해 세계에 흩어지게 두는 것은 선뜻 이해가 가지 않는 일입니다.

그림 우라늄의 가공과 폐기물

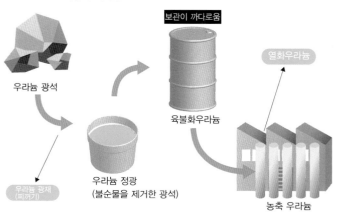

보관이 까다로움

열화우라늄

우라늄 광석

육불화우라늄

우라늄 광재
(찌꺼기)

우라늄 정광
(불순물을 제거한 광석)

농축 우라늄

25

수소 에너지를 향한 기대와 현실

잇시키 겐지

수소 에너지는 화석 연료의 대체 자원이자 온실가스가 없는 에너지원으로 주목받고 있습니다. 수소는 어떤 방법으로 연소해도 이산화 탄소나 유해 가스가 발생하지 않아요. 오로지 물만 생성하지요. 따라서 환경 부담이 적은 에너지원이라 할 수 있습니다. 또 수소 자체가 물의 형태로 존재하므로 사실상 그 양이 무한대라 볼 수 있습니다. 다른 에너지원과 달리 고갈될 걱정이 없어요. 재생 에너지를 사용하여 물에서 수소를 추출해서 사용한 한 후에는 다시 물로 돌아가므로 언제까지나 재활용이 가능한 에너지원인 셈입니다.

수소를 제조하는 방법

수소는 주로 화석 연료를 개질(석유 정제 공정 중 하나, 열이나 촉매로 가솔린의 품질을 높이는 조작)하여 만드는데, 사실 이 방법은 재생 에너지를 사용한 제조법이라고는 할 수 없습니다. 현재 수소 제조법으로 검토 중인 방법은 태양광 발전이나 풍력 발전 등 재생 에너지를 통해 얻은 전기로 물을 전기 분해하여 수소를 만드는 방법과 바이오매스 메탄올·메탄(목재 칩이나 하수 슬러지 등을 바탕으로 한 생물 자원)에 촉매를 작용시켜 만드는 방법입니다. 바이오매스는 물과 이산화 탄소로부터 합성되므로 결국 이 방법도 물을 원료로 하여 수소를 만드는 셈이 된답니다.

해결해야 할 문제들

수소 에너지는 제조, 이용의 두 가지 면에서 환경 부담이 매우 적습니다. 그래서 자원 고갈과 인위적 환경 변화를 일으키지 않는 에너지원으로서 큰 기대를 받고 있지요. 그러나 수소 에너지 이용에는 제조부터 이용에 이르는 전 과정에서 아래 표와 같이 기술적으로 해결해야 할 과제가 있습니다. 현재로서는 수소 에너지의 실용화 및 보급을 위한 장벽이 아직 높다고 할 수밖에 없지요.

좀 더 근본적인 문제도 있어요. 물을 전기 분해해 수소를 제조할 경우 전기 분해를 하기 위해 기존 전력을 사용해야 합니다. 수소를 제조하는 장점은 저장이 가능하다는 것 정도에 불과한데, 이를 위해 전력을 사용해야 하지요.

한편 바이오매스메탄올 등으로부터 수소를 제조하는 경우도 메탄올을 그대로 사용할 수 있다면 군이 수소로 전환해 이용할 필요가 없습니다. 이처럼 수소를 제조하고 이용하는 것에 어떤 장점이 있을지 고민하고 그 장점을 찾아가는 일도 해결해야 할 과제 중 하나입니다.

표 수소 에너지의 과제

과제
• 효율적인 대량 제조법 개발 전기 분해법에 의한 수소 제조는 공업적으로는 확립된 방법이지만, 재생 가능 에너지에 의한 발전의 보급은 이제부터 시작이다. 또한 바이오매스로부터의 수소 제조는 아직 실용화 추진 단계에 있다.
• 저비용의 안전한 운송법 및 저장법 개발 수소는 압축해도 액화되지 않기 때문에 고압인 상태로 취급할 필요가 있다. 수소로 인해 약해지지 않는 재료의 개발 및 저압에서 저장할 수 있는 수소 흡장(기체가 고체에 흡수되어 들어가는 현상) 재료의 개발이 요구된다.
• 고효율 · 저비용의 이용 기술 개발 수소 에너지는 연료로 있는 그대로 이용하는 방법과 연료 전지로 발전에 이용하는 방법이 있다. 후자의 경우 현재로서는 아직 에너지 효율이 낮고 비용이 높다.
• 제조부터 수송 · 저장, 소비에 이르는 사회적 인프라 정비 기술적 문제를 해결하더라도, 실현을 위해서는 인프라를 처음부터 정비해 나가야 한다.

태양 전지의 발전 효율

잇시키 겐지

태양광은 앞서 살펴본 수소 및 바이오매스와 함께 주목받고 있는 재생 에너지입니다. 지구 대기 바깥 표면에 수직으로 도달하는 단위 면적당 태양 복사 에너지를 '태양 상수'라고 불러요. 태양 상숫값은 $1m^2$당 약 1.4킬로와트입니다. 그중 대기를 투과하는 비율은 약 70%지요. 그러므로 지표에 도달하는 태양 복사 에너지는 $1m^2$당 약 1킬로와트입니다.

태양 전지의 발전 효율이란 도달한 총 태양광 에너지에 대한 출력 전력으로 정의합니다. 현재 가정용 태양 전지의 효율은 15~20%이므로, 이 태양 전지 $10m^2$로 태양광을 바로 위에서 받았을 때의 출력 전력은 약 1.5~2킬로와트입니다.

태양 전지는 종류가 매우 다양하고 꾸준히 개선이 이루어져 발전 효율도 매년 증가하고 있습니다. 현재 주류는 p형 반도체와 n형 반도체를 한 쌍으로 접합한(단일 접합) 태양 전지입니다. 발전 효율은 최고 25%지요. 이외에도 여러 반도체를 다중 접합하여 이용할 수 있는 파장을 확대시킨 태양 전지도 개발 중이며, 발전 효율이 30%가 넘는 전지도 개발하고 있어요. 단, 개발 비용이 워낙 많이 들기 때문에 비용보다 효율이 중시되는 우주 개발 등에만 사용하고 있답니다.

발전 효율을 높이기 위해서는 렌즈로 태양광을 집광하여 단위 면적당 에너지를 증가시켜야 합니다. 현재까지 개발한 태양 전지 중, 3접합 구조 태양 전지를 이용한 집광형 태양 전지가 발전 효율 46%로 가장 높은 기록을 달성했습니다. 집광형 태양 전지는 태양광이 도달하는 방향이 달라져도 그 영향을 최소화할 수 있어요. 또 태양 전지 면적도 줄일 수 있어 개발 비용도 절감할 수 있지요. 개발과 개선을 거쳐 이른 시일 내 실용화가 되길 기대해 봅니다.

제3장

인체, 공기·식물·물과 화학 물질

호야 아키히코

　사람을 비롯한 많은 생물들은 생명을 유지하기 위해 산소가 필요합니다. 그런데 처음부터 대기 중에 유리 산소가 있었던 것은 아닙니다. 현재 대기 조성을 보면 산소가 약 21%를 차지하고 있지요? 사실 지구의 46억 년 역사를 되돌아보면 원시 지구의 대기는 이산화 탄소와 질소가 주성분이며 산소는 거의 없었습니다. 그렇다면 대기 중의 산소는 어떻게 증가한 것일까요?

산소의 증가 과정

　35억 년 전의 지층에서 남세균(사이아노박테리아) 화석이 발견되었습니다. 이 남세균은 광합성 세균의 일종으로, 엽록소로 광합성을 하여 산소를 만들기 시작했어요. 바닷속 산소는 이윽고 대기 중으로 조금씩 방출되기 시작했지요. 또 바닷속에서는 광합성을 하는 진핵생물이 탄생했습니다.

　대기 중 산소가 증가하면서 생물 진화에도 큰 전환점이 찾아왔습니다. 태양광에 포함된 자외선이 대기 중 산소와 반응하여 오존이 생성되었고, 곧 오존층이 형성되었어요. 오존층은 생물에게 유해한 자외선을 흡수하기 시작했습니다.

　얼마 후, 오존층의 보호 아래 바닷속에서 육지로 진출하는 생물이 나타납니다. 결국 광합성을 하는 생물이 대기 중으로 산소를 가져왔고, 그 결과 지구 환경과 생물 진화에 큰 변화를 가져온 셈입니다.

광합성과 클로로필

　육상 식물의 존재를 나타내는 가장 오래된 화석은 4억 2500만 년 전의 것으로 알려져 있습니다. 다양한 화석을 발굴하여 조사한 결과, 초기의 육상 식물에 잎은 존재하지 않은 것으로 나타났어요. 이른바 잎을 가진 식물이 퍼진 것은 3억 6000만 년 전이라고 합니다. 식물의 조상이 나타난 후 적어도 6500만 년 이상의 시간이 경과한 셈입니다. 그 후 광합성을 효율적으로 할 수 있는 잎을 얻은 식물은 더욱 번성하여, 사막이나 두터운 빙설로 뒤덮인 지역을 제외하고는 육지의 대부분을 차지할 정도로 넓게 분포하고 있습니다.

광합성은 엽록체에서 일어납니다. 엽록체에는 빛 에너지를 흡수하는 작용을 하는 '클로로필'이라는 물질이 있습니다. 이 클로로필이 흡수하는 빛 에너지가 광합성의 원동력이 됩니다.

태양광은 우리 눈에 하얀빛으로 보이지만 실제로는 다양한 색이 섞여 있습니다. 클로로필은 태양광 중 주로 적색이나 청색 빛을 효율적으로 흡수하는 한편, 녹색 빛은 거의 흡수하지 않고 반사합니다. 나머지 색의 빛은 모두 엽록체를 통과하지요. 그래서 우리 눈에 잎이 녹색으로 보인답니다.

광합성은 태양의 빛 에너지를 이용하여 이산화 탄소로부터 당이나 전분 등의 유기물과 산소를 만드는 과정입니다. 남세균 등의 광합성 세균이나 조류(물속에 살며 포자로 번식하는 식물) 등도 클로로필로 흡수한 빛 에너지를 이용하여 이산화 탄소로부터 유기물을 만들어 냅니다. 광합성 생물이 만드는 유기물은 많은 생물에게 영양분이 됩니다. 즉 광합성은 산소의 발생과 유기물의 합성이라는 두 가지 측면에서 생태계를 지탱한다고 할 수 있어요.

탄수화물은 에너지원

오가와 도모히사

탄수화물이란 일반적으로 미생물부터 동물, 식물까지 다양한 생물에 존재하는 생체 고분자 중 하나인 다당류를 의미하며 이를 구성하는 단당이나 올리고당 등의 당질류도 포함합니다. 때로는 소화성 당질과 소화성 식이섬유로 분류되는 경우도 있어요.

다당류는 생물의 구조체나 방어 물질, 즉 곤충이나 새우·게 등 갑각류의 외각(키틴질)이나 식물의 세포벽(셀룰로스), 세균(덱스트란), 조류(카라지난, 후코이단, 한천 등) 뿐만 아니라 식물의 전분이나 동물의 글리코겐과 같은 에너지 저장 물질로서도 존재합니다.

전분의 정체

전분은 탄수화물의 일종입니다. 우리가 주식으로 삼는 쌀을 비롯하여 밀, 콩, 옥수수, 고구마 등 덩이줄기 채소 같은 주요 곡류에 포함되어 있어요. 전분은 분자량이 수십만~수천만에 달하는 글루코스(포도당)의 중합체인데, 직쇄상(사슬) 구조의 아밀로스와 분지상(가지) 구조의 아밀로펙틴으로 구성되어 있습니다.

이때 전분 속 아밀로스와 아밀로펙틴의 비율은 물질에 따라 달라요. 예를 들어 찹쌀이나 찰옥수수 등은 아밀로펙틴의 비율이 100%입니다. 반면 아밀로스가 30~40%인 인디카 쌀은 딱딱하고 푸석푸석하지요. 사사니시키 등의 멥쌀은 아밀로스가 19%로 아밀로펙틴 함량이 많아, 그만큼 찰기 있고 식감이 단단합니다. 즉 식감을 결정하는 점도 및 경도의 균형은 아밀로스와 아밀로펙틴, 두 전분의 비율로 결정된다고 할 수 있습니다.

전분을 말하는 데 있어서 또 하나 빼놓을 수 없는 것이 바로 아밀라아제입니다. 타액이나 이자액 등의 소화 효소 외에 무, 맥아즙, 누룩곰팡이(국균) 등에도 함유되어 있어요. 곡류의 전분을 당으로 분해하기 때문에 사케, 맥주, 소주 등의 술을 만드는 데 이용합니다. 또한 술 생산과 동일한, 전분의 분해(액화, 당화) 과정과 발효의 조합은 바이오 연료나 생분해성 플라스틱(폴리젖산) 개발에도 응용됩니다.

한편 동물 전분이라고도 불리는 글리코겐은 아밀로펙틴과 동일한 결합 양식을 보이지만, 가지 수가 훨씬 더 많은 분지상 구조를 가집니다. 보통 체내에서 해당계 · 구연산 회로를 거쳐 이산화 탄소와 물로 분해되는데, 아데노신삼인산(ATP) 생산에 관련되어 있어 에너지원이라 할 수 있습니다.

그림 **아밀로스 구조식**

그림 **아밀로펙틴 구조식**

여러분은 방금 저녁 식사로 맛있는 고기와 신선한 야채를 먹었습니다. 우리 몸으로 들어온 고기와 야채는 과연 어떻게 될까요? 우리는 살아가기 위해 필요한 에너지원과 몸을 구성하는 성분을 얻기 위해 다양한 영양소를 소화시키고 분해합니다.

우리가 먹은 것은 몸속에서도 그대로일까?

우리가 돼지고기를 먹었다면 몸속에서도 그대로 돼지고기일까요? 물론 답은 '아니오'라는 걸 알고 있을 겁니다. 돼지고기 단백질 그대로 사람이 사용하는 것이 아닙니다. 음식 속 단백질은 위나 장의 소화 효소에 의해 아미노산으로 분해되어 회장(소장의 일부)에서 흡수됩니다. 그리고 분해된 아미노산과 체내에서 합성한 아미노산을 원료로 새로운 단백질이 만들어 지지요. 이때 식사로 섭취한 아미노산의 50~60%가 단백질 생합성에 사용되어 우리 신체의 일부가 됩니다.[10]

필수 아미노산과 유전 정보

지구상 생물은 기본적으로 20종류의 한정된 아미노산[11]을 단백질 생합성에 공통적으로 이용합니다. 원료로 삼아 재사용하는 일이 가능한 것입니다. 바꿔 말하면 단백질은 효소에 의해 아미노산으로 쪼개지고 에너지 생성 및 단백질 합성에 재사용되지요. 또 체내에서 합성할 수 없거나 합성량이 적어 부족한 것을 필수 아미노산이라고 부르며, 음식을 통해 섭취해야 합니다.

아미노산 합성에는 여러 단계의 반응 과정이 필요하며 아미노산의 종류에 따라 그 원료가 달라집니다. 고등 생물의 경우 효율적으로 아미노산을 섭취할 수 있도록 진화해 왔다고 여겨집니다. 말하자면 물질의 유전이라고도 할 수 있어요.

한편 같은 아미노산 원료를 이용한 경우에도 각각의 단백질은 유전 정보(DNA 염기 서열)에 기초해 합성됩니다. 우리가 돼지고기를 먹으면 분해 과정을 통해 돼지고기의 단백질이 인간의 유전 정보에 따라 합성된다는 말입니다.

그림 단백질 섭취 과정

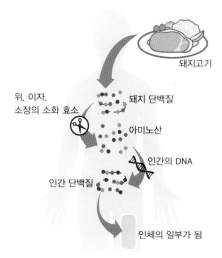

10   참고 : Rudolf Schoenheimer, The Dynamic State of Body Constituents, Harvard University Press, Cambridge, Massachusetts, 1942
11   글리신 이외의 알파 아미노산에는 광학 이성체(L형과 D형)가 존재하는데, 모든 생물의 단백질을 구성하는 아미노산은 L형입니다.

비타민과 미네랄

다키자와 노보루

인간에게 필요한 3대 영양소는 탄수화물(당질), 단백질, 지방(지질)입니다. 단백질은 몸을 만들고 탄수화물과 지방은 살아가기 위한 에너지가 되지요. 또한 지방은 장기의 보호 및 보온에도 도움이 된답니다. 영양소 중 이들 3대 영양소 이외의 유기물(탄소 원자를 포함하는 물질)은 비타민이라 불리며, 무기물(금속 원소 등)은 미네랄이라 불립니다. 3대 영양소와 이들을 합쳐서 5대 영양소라고 해요. 비타민으로는 A, B, D, E, K, 미네랄로는 나트륨, 마그네슘, 인, 칼륨, 칼슘, 크로뮴, 망가니즈, 철, 구리, 아연, 셀레늄, 아이오딘 등이 있습니다. 그렇다면 비타민이나 미네랄은 우리 몸속에서 어떤 역할을 할까요?

연속되는 생화학 반응

생물의 체내에서는 많은 화학 반응이 일어납니다. 생명을 유지하기 위한 화학 반응이기 때문에 생화학 반응이라고 불러요. 생화학 반응은 여러 단계가 연속적으로 이루어지는데 이를 대사 과정이라고 합니다. 예를 들어 흰쌀밥을 먹으면 먼저 입안이나 위장에서 포도당으로 분해됩니다. 포도당은 장에서 흡수되어 혈류를 타고 온몸의 세포로 운반되고, 세포로 흡수된 포도당은 20여 개의 연속적인 생화학 반응을 거쳐 이산화 탄소와 물이 됩니다. 이 사이에 에너지가 발생하거나 다양한 물질로 다시 만들어지기도 하지요. 단백질 역시 아미노산으로 분해, 흡수된 후 인체에 필요한 다양한 단백질로 다시 만들어집니다.

미네랄과 비타민의 또 다른 역할

미네랄은 화학 반응을 조절하는 효소(단백질)에 결합하여 반응의 중심적 역할을 하거나 단백질의 형태를 잡아 주는 역할을 합니다. 또 세포 내 이온 농도를 조절하여 생화학 반응을 원활하게 진행시키는 기능을 하기도 합니다.

한편 비타민은 세포 안에서 약간 바뀌어 조효소라는 물질이 됩니다. 조효소는 말 그대로 효소의 기능을 보조하는 역할을 하는데 어떤 조효소가 어떤 효소를 돕는지도 정해져 있답니다.

이같이 단백질에 있어서, 또 에너지나 몸에 필요한 물질을 만드는 반응에서 비타민과 미네랄은 필수입니다. 따라서 부족하면 몸이 안 좋아지거나 각기병 등의 질병에 걸릴 수 있어요.

비타민과 미네랄 모두 몸에 필요한 양은 매우 적습니다. 하루 필요 섭취량은 mg(mg)에서 μg(μg, 1000분의 1mg) 단위로 표시되지요. 따라서 비타민과 미네랄은 매일 균형 잡힌 식사를 하면 충분히 필요한 만큼 얻을 수 있습니다.

그림 5대 영양소

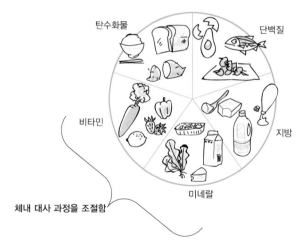

탄수화물

단백질

비타민

지방

미네랄

체내 대사 과정을 조절함

세계보건기구(WHO) 산하 국제암연구소(IARC)가 역학 조사 등을 통한 인간의 발암성 데이터와 실험동물의 데이터를 바탕으로 발암성을 종합적으로 평가한 목록이 있습니다(2016년 9월 기준, 116권으로 이루어진 모노그래프).[12] 990종을 넘는 다양한 화학 물질과 환경에 대해 암을 일으키는지 조사했는데, 인간에 대한 발암성이 인정되는 '1군'부터 발암성이 있다고 생각되는 '2군'(2A 및 2B), 발암성 여부를 확신할 수 없는 '3군', 그리고 발암성이 없다고 여겨지는 '4군'으로 분류했어요.

현재 발암성이 확실한 물질은 사람에 대한 발암성을 나타내기에 충분한 증거가 있다고 여겨지는 '1군'의 118종입니다(물론 일부 물질에 대해서는 여러 설이 있습니다). 목록에는 이 책에 등장하는 아플라톡신, 비소, 석면, 벤조피렌, 카드뮴, 6가 크로뮴, 폼알데하이드, 방사선(감마선, 중성자선 등), 플루토늄-239, 폴리염화 바이페닐, 방사성 아이오딘, 트리클로로에틸렌, 알코올음료, 담배, 황산 등이 있어요. 그 외에 몇 가지를 더 소개해 보고자 합니다.

아리스톨크로산

쥐방울덩굴(*Aristolochia*)속 식물에 포함되는 물질로, 벨기에에서 이를 포함한 다이어트 약이 판매되어 신장 장애, 비뇨기계 악성 종양을 일으킨 사례가 있습니다. 일본에서도 생약과 한약의 호칭 차이로 인해 혼동되는 경우가 있어 주의가 필요합니다.

---

12 참고 : 〈AGENTS CLASSIFIED BY THE IARC MONOGRAPHS, VOLUMES 1–116〉

벤젠

얼룩을 제거하는 데 쓰였던 벤젠은, 휘발유에 포함되는 물질로 알려져 있습니다. 하지만 유해성이 드러나면서 가정용품에는 거의 쓰이지 않거나 함유량이 낮아졌어요. 2008년에는 일본 도쿄 도요스 시장 예정지에서 고농도의 벤젠이 발견되어 문제가 되기도 했습니다. 토양 오염 대책 공사 후 2016년에도 조사가 계속되었는데, 시장 부지에 과거 석탄을 사용하던 가스 공장이 있었다는 점과 벤젠의 휘발성이 높다는 것이 원인으로 꼽혔어요.

햄, 소시지 등의 가공육

2015년 통계와 함께 국제암연구소는 햄이나 소시지 같은 가공육도 1군 발암 물질로 분류했습니다. 원인 물질에 대한 언급은 따로 없었으나 일본에서도 결착 보강제인 인산염이나 보존료인 소브산에 대한 우려가 확산되었어요. 이 때문에 국립암연구센터에서 "일본인의 적육 · 가공육 섭취량은 세계적으로 봤을 때 낮은 수준으로, 평균 섭취 범위라면 대장암 발병 위험에 미치는 영향이 거의 없다"[13]라고 발표하기도 했습니다.

종양 바이러스, 세균 등의 감염병

인체유두종바이러스(HPV)는 자궁경부암을 일으키는 바이러스로 알려져 있습니다. 이는 바이러스 유래 단백질(E6, E7)이 암 억제 유전자 산물(pRB)의 작용을 저해하기 때문이에요. 한편 파일로리균의 CagA 단백질이 세포 극성과 세포 증식, 염증 촉진 신호를 혼란시켜 위암을 일으킨다는 사실이 밝혀졌습니다.

---

13 인용 : 일본 국립암연구센터 〈적육, 가공육의 암 유발 위험성〉

6

발암성과 변이원성

모바 요시히토

화학 물질이 사람에게 미치는 영향 중 발암성의 유무는 사람들의 관심이 높은 항목 중 하나입니다. 관심이 높아지는 만큼 우리는 발암성의 의미와 그 판단 근거를 다시 한번 생각해 볼 필요가 있습니다.

정상 세포를 암세포로 바꾸어 암을 일으키는 성질을 발암성이라고 하며, 정상 세포의 DNA가 손상되어 유전자가 비정상이 되면서 암세포가 발생합니다. 유전자 이상을 일으키는 여러 원인 중 80% 이상이 화학 물질에 의한 것으로, 이렇게 암을 일으키는 화학 물질을 발암 물질이라 해요.

암원성 시험

한 화학 물질에 발암성이 있는지 없는지 조사하는 방법으로 암원성 시험이 있습니다. 실험동물이 수명을 다할 때까지 화학 물질을 투여하고 사망 후 모든 조직에 대해 암 유무를 확인하는 방법입니다. 그러나 이 방법은 많은 동물들의 생명과 시간, 비용을 필요로 하기 때문에 여러 화학 물질의 발암성을 짧은 기간 내에 알아볼 수는 없어요.

짧은 기간에 예측하기 쉬운 에임스 검사

단기간에 다수의 화학 물질의 발암성을 예측하는 시험으로, 세포 및 유전자 변이를 일으키는 성질인 변이원성을 조사하는 변이원성 시험이 있습니다. 변이원성을 조사하는 대표적인 방법은 에임스 검사(Ames test)입니다.

아미노산의 일종인 히스티딘이 없는 조건에서는 살 수 없는 특수한 살모넬라균을 준비한 다음, 살모넬라균에 화학 물질을 작용시킵니다. 만일 살모넬라균 증식이 관찰된다면 히스티딘이 없는 조건에서 살 수 없는 살모넬라균이 돌연변이를 일으켜 증식한 것이란 뜻이지요. 그러므로 작용시킨 화학 물질은 '변이원성이 있다'라고 할 수 있습니다.

에임스 검사의 한계

에임스 검사는 변이원성을 가진 화학 물질을 저비용으로 단시간에 찾아내는 방법이지만, 이 시험에서 양성을 나타낸 모든 화학 물질이 발암성 물질이라고는 할 수 없습니다. 또 사람이 아닌 종을 대상으로 한 시험이므로 최종적으로는 포유동물을 이용한 병원성 시험 등을 통해 발암 물질 여부를 평가해야 합니다.

그림 에임스 검사의 개념

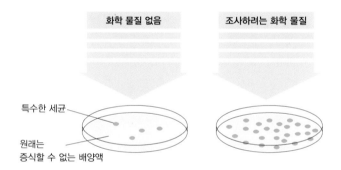

화학 물질 없음	조사하려는 화학 물질
특수한 세균	
원래는 증식할 수 없는 배양액	
화학 물질을 사용하지 않고, 나머지는 오른쪽과 같은 조건	세균이 돌연변이를 일으켜 증식 =사용한 화학 물질이 변이원성을 가짐

7

탄 음식에는 정말 발암성 물질이 있을까?

와다 시게오

누구나 한 번쯤은 '탄 음식을 먹으면 암에 걸릴 수 있어!'라는 이야기를 들어본 적이 있을 겁니다. 탄 음식에 무엇이 있길래 그런 말을 하는 것일까요? 탄 음식의 어떤 부분이 원인이 되는 것일까요?

식재료나 식품을 가열하면 암을 일으키기 쉬운 물질이 생기는데, 새까맣게 될 정도로 타서 발생하는 물질과 일반적인 조리 가열로 인해 발생하는 물질로 나눌 수 있어요.

배기가스에도 포함된 벤조피렌

완전히 탄화될 정도로 구웠을 때 발생하는 것이 벤조피렌이라 불리는, 매우 높은 발암성을 지닌 물질입니다. 그렇다고는 해도 탄 음식에 포함된 벤조피렌의 양은 소량입니다. 동물 실험에서도 자신의 체중보다 많은 양의 탄 음식을 수년 이상, 장기간에 걸쳐 섭취했을 때 암이 발생한 것을 확인했어요.

벤조피렌은 담배 연기나 자동차 배기가스 등에도 포함되어 있으므로 탄 것을 대량으로 즐겨 먹는 사람이나 흡연자가 아닌 이상, 사실상 벤조피렌 때문에 암에 걸릴 확률은 매우 낮습니다.

가열 조리로 발생하는 발암성 물질

심하게 탄 것이 아닌 가열 처리만으로도 발암성 물질이 발생합니다. 하나는 1970년대에 생선의 탄 부분에서 발견된 헤테로사이클릭아민이라는 물질이에요. 이는 단백질이 많이 함유된 육류, 어패류를 섭씨 150도 이상으로 조리했을 때 아미노산으로부터 생성됩니다. 하지만 역시 그 함유량은 극히 미량이어서 매일 약간 탄 생선을 먹는다 해도 암에 걸리진 않아요.

또 하나는 최근 발암성이 발견된 아크릴아마이드가 있습니다. 아스파라긴 등의 아미노산과 당류를 포함한 식품을 가열했을 때 생기는 물질로 날 것 이외의 모든 가열 · 가공한 식품에 포함되어 있습니다. 그중에서도 감자칩이나 감자튀김에 함유량이 많은데, 이 또한 매일 삼시 세끼 감자튀김을 배불리 먹어도 암을 일으킬 정도의 양은 되지 않아요. 물론 적당한 양을 섭취하는 것이 좋겠지요.

암을 예방하는 식품

우리는 매일 많든 적든 여러 가지 발암성 물질이 들어 있는 식품을 섭취합니다. 한편 암을 예방하는 물질도 주변에 많이 있답니다. 주로 식물성 식품에 포함된 물질로 비타민 C, 플라보노이드(카테킨 등), 리코펜, 크산토필 등이 있어요. 이들은 발암 과정의 각 단계에서 효과적으로 작용한다는 사실이 과학적으로도 증명되었지요. 따라서 음식 섭취로 암 발병을 예방하려면 편식하지 말고 식물성 식품도 골고루 챙겨 먹어야 합니다.

그림 식물성 식품의 예

파프리카　　　　녹차　　　　토마토　　　　시금치 나물

8

아크릴아마이드의 영향

아사가 히로아키

지난 2002년 스웨덴 정부가 "감자튀김이나 감자칩에 아크릴아마이드라는 물질이 함유되어 있다"라고 발표하면서 큰 파장이 일었습니다. 아크릴아마이드는 신경 독성이나 간 독성, 발암성도 의심되어 일본에서는 '독극물'로 지정된 물질이기 때문이에요.

식품을 가열했을 때 갈색이 되는 현상은 매우 익숙하지요? 이 현상을 메일라드 반응이라 부르며, 당질과 아미노산이 함께 가열되면서 발생합니다. 대부분 식품은 계속해서 가열하면 새까만 숯이 되는데, 그 전에 메일라드 반응이 나타나 식품의 제조 및 가공에 있어서 적당한 식감과 풍미를 가져다 줍니다. 아크릴아마이드는 이 반응과 동시에 생성됩니다.

아크릴아마이드의 사용

아크릴아마이드는 종이의 강도를 높이는 지력 증강제, 합성수지, 합성섬유, 폐수 등의 침전물 응집제, 토양 개량제, 접착제, 도료, 토양 안정제 등의 원료입니다. 분말은 흰색이며 수용액은 무색, 투명하고 점도는 낮은데, 중합시키면 무색, 투명한 겔 상태가 됩니다. 이 중합체는 단백질 및 핵산 분석에 필수적인 폴리아크릴아마이드겔 재료로 사용되며, 무독성에 전류가 통하면 수축하는 성질이 있어 인공 근육의 소재로도 연구 중에 있답니다.

인체에 미치는 영향

아크릴아마이드에 단기간 노출되면 눈, 피부, 기도 등이 자극을 받아 뇌와 척수 등 중추 신경계에 영향을 미칩니다. 장기간 노출된 경우에는 말초 신경계에도 영향을 끼치지요. 발암성에 대해서는 국제암연구기관(IARC)의 평가에서 '발암 물질로 작용할 가능성이 있다'라는 2A 등급으로 분류되었는데, 이는 탄 생선이나 디젤 엔진 배기가스에 포함되는 발암 물질과 같은 수준입니다.

유엔식량농업기구(FAO)와 세계보건기구(WHO)의 합동 식품첨가물 전문가 회의에서는 아크릴아마이드를 다음과 같이 평가했습니다.

"식품을 통한 평균적인 섭취량으로는 생식 독성이나 발생 독성, 신경학적 영향 등은 없는 것으로 알려져 있지만, 유전 독성 및 발암성은 가질 수 있다."

일본 후생노동성과 농림수산성은 가공식품 중 아크릴아마이드를 조사하여 결과를 공개하고, 충분한 채소와 과일을 포함한 다양한 식품을 골고루 섭취하며 볶음이나 튀김 조리 시 고온을 피하고 장시간 가열하지 않도록 당부하고 있습니다. 또 볶음 조리의 일부를 찜으로 요리하는 방법도 소개하고 있어요. 아크릴아마이드 섭취를 완전히 피할 수 없다면 위험성을 정확하게 평가할 수 있는 역학 조사가 필요합니다.

그림 아크릴아마이드가 함유된 식품의 예[14]

감자튀김

시리얼

감자칩

비스킷

14　참고 : 농림수산성 〈식품에 함유된 아크릴아마이드〉

9

방사선 조사 식품과 안전성

야마모토 후미히코

일본에서는 식품위생법에 따라 식품에 대한 방사선 조사를 원칙적으로 금지하고 있지만, 감자의 발아 방지에 대해서만은 허용하고 있습니다. 감마선이라는 방사선을 감자에 쏘면 발아 세포를 손상시켜 싹이 나는 것을 막을 수 있기 때문입니다. 감자는 싹이 나면 상품 가치가 떨어지지만 발아를 멈추면 장기 보존이 가능합니다. 방사선 조사는 일본 홋카이도의 시호로 농협에서만 진행되며, 대상은 3~4월에 출하하는 감자뿐입니다. 또한 감마선 조사 표시가 상품 포장에 표기되어 일반 감자와 구별할 수 있습니다.

살균 및 식중독 예방을 위한 방사선 조사

해외에서는 살균 및 살충, 식중독 예방을 목적으로 밀, 향신료, 고기 등에 방사선을 조사합니다. 일본에서도 2000년 전일본 향신료협회가 향신료에 대한 방사선 멸균 허가를 신청했지만 인정받지 못한 적이 있어요. 소비자들이 '식품이 방사능을 띠는 것은 아닌지', '발암성이 있는 위험한 물질이 생기는 것은 아닌지'처럼 걱정했기 때문이에요.

방사선을 조사한 식품을 먹으면 위험할까?

방사능이란 방사선을 만드는 능력을 말합니다. 알파선이나 양자선, 중성자선 등의 방사선에는 원자에 부딪혀 물질에 방사능을 띠게 하는 힘이 있어요. 하지만 감마선은 그런 힘이 없어요. 감마선을 식품에 조사해도 식품이 방사능을 띠지는 않는다는 말입니다.

그렇다면 식품 성분이 방사선에 의해 변질되는 경우는 정말 존재할까요? 방사선에 의해 어떤 성분이 위험한 물질이 되는지를 확실히 밝히는 것은 어렵습니다. 실제로 방사선을 조사한 식품을 동물 실험 등에 투입하고 반응을 연구할 필요가 있어요. 국내외에서 많은 연구가 진행되고 있지만, 방사선 조사 식품이 나쁜 영향을 끼친다는 증거는 아직 발견되지 않았답니다.

안전성의 근거 찾기

아직은 방사선 조사가 안전하다는 증거를 찾을 수 없으니 무조건 먹어도 좋다, 괜찮다고는 할 수 없습니다. 단, 식품의 안전성 기준은 난해하여 무슨 근거를 가지고 안전하다고 할지, 누가 판단하고 인정하며 책임을 질지도 확실하지 않습니다. 따라서 최종적인 판단은 우리 소비자가 해야 합니다. 지금은 당연한 우유의 저온 살균 기술조차 사회에 받아들여지기까지 수십 년이 걸렸듯, 방사선 조사 식품이 사회에 수용되려면 소비자가 판단하고 선택할 수 있는 정보 공개 및 유통 시스템 확립이 필요합니다.

그림 감자에 대한 방사선 조사

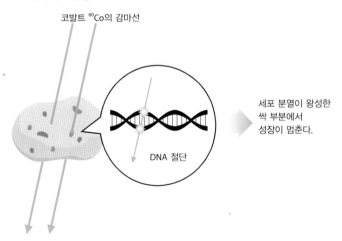

코발트 ^{60}Co의 감마선

DNA 절단

세포 분열이 왕성한
싹 부분에서
성장이 멈춘다.

감자는 토마토나 가지, 고추와 같은 가짓과 식물입니다. 감자는 밭에서 재배되는 재배종과 자연 속에서 자라는 야생종이 있는데, 지금까지 총 150여 종의 감자 종류가 알려져 있으며 그 대부분은 야생종이에요. 재배종은 7종에 그치는데, 우리 주변에서 흔히 볼 수 있는 재배종 감자는 1종뿐이고 이를 개량한 것이 전 세계에서 식량으로 활약하는 다양한 감자가 되었지요.

야생종 감자는 대부분 남미에서 자랍니다. 감자가 재배되기 시작한 것은 기원전 5,000년경으로 알려져 있어요. 재배종 감자는 7,000년 이상의 세월을 거쳐 만들어진 셈이에요. 그 오랫동안 인간이 더욱 먹기 좋도록 계속 품종 개량이 이루어졌어요.

감자를 먹고 식중독에?

한편 감자에는 인체에 독이 되는 성분도 포함되어 있어, 때로는 식중독의 원인이 되기도 합니다. 그 독의 정체는 주로 솔라닌과 차코닌이라는 물질이며 이들을 통틀어 스테로이드성 글리코알칼로이드(SGA)라고 불러요.

감자의 스테로이드성 글리코알칼로이드는 싹이나 그 주변부, 피층 등에 다량 함유되어 있습니다. 캐낸 감자를 햇볕에 노출시키면 표피가 초록색으로 변하는데, 이때 SGA 함유량이 증가해요. 또 재배 조건이 좋지 않으면 감자의 크기가 작아지며, 작은 감자일수록 스테로이드성 글리코알칼로이드 농도가 높다는 보고도 있습니다.

솔라닌이나 차코닌이 함유된 감자를 먹으면 복통, 설사 등을 일으키고, 경우에 따라서는 중독사에 이르기도 해요. 따라서 솔라닌 및 차코닌에 의한 식중독을 피하기 위해서는 크고 초록빛이 없는 감자를 고르고, 싹이 있으면 그 주변을 포함해 제거하며 껍질을 확실히 벗겨 적당량을 섭취해야 합니다.

수확한 감자에는 코발트 60 감마선을 조사함으로써 발아를 억제할 수 있어요. 이 방법은 식품위생법에 따라 철저히 규제되고 있으며 일본에서는 감자에만 허용됩니다.

감자에 얼마나 들어 있을까?

감자의 식용 부분에는 100g당 평균 7.5mg(0.0075g)의 솔라닌과 차코닌이 포함되어 있습니다. 그리고 그중 30~80%가 껍질 주변에 존재해요. 빛을 쬐어 초록색이 된 부분은 100g당 100mg(0.1g) 이상의 솔라닌과 차코닌이 함유되어 있고, 싹이나 상처가 난 부분에도 많이 포함되어 있습니다.

체중이 50kg인 사람의 경우 솔라닌이나 차코닌을 50mg(0.05g) 정도 섭취하면 중독 증상이 나타날 수 있고, 150~300mg(0.15~0.3g)을 섭취하면 사망에 이르기도 해요. 최근에는 솔라닌이나 차코닌 등 스테로이드성 글리코알칼로이드 생성 메커니즘에 관한 연구가 진행 중입니다. 스테로이드성 글리코알칼로이드를 함유하지 않은 안심하고 먹을 수 있는 안전한 감자의 탄생에 기대가 높아지고 있습니다.

다키자와 노보루

더운 여름, 크림 같은 거품이 올라온 시원한 생맥주 한 잔이면 더위를 날릴 수 있습니다. 기분 좋을 정도로만 마신다면 괜찮지만 지나치게 마시면 제대로 걷기 힘들거나 심장이 두근거릴 수 있습니다. 아주 심하면 쓰러져 병원으로 이송되는 경우도 있어요.

도쿄 소방청 관내에서는 2014년 14,000여 명이 급성 알코올 중독으로 이송되었고, 그중 약 절반이 20대 청년이었습니다. 알코올의 무서움을 모르고 분위기에 휩쓸려 과음했기 때문일지도 모릅니다. 우리 몸에 들어간 알코올은 과연 어떻게 되는 것일까요?

체내 알코올의 처리 과정

술을 마시면 알코올은 20%가 위에서, 80%가 장에서 흡수되며 혈류를 타고 온몸으로 운반됩니다. 알코올은 주로 간에서 분해되는데, 먼저 알코올 탈수소 효소의 작용으로 아세트알데하이드가 되고 이어서 알데하이드 탈수소 효소의 작용으로 아세트산이 됩니다. 이후 포도당의 분해 대사 경로에 합류하여 최종적으로는 물과 이산화 탄소가 되지요.

성인의 알코올 대사 속도는 시간당 1ml 정도로 그렇게 빠른 속도는 아닙니다. 그래서 분해되기 전까지 온몸을 돌며 뇌 기능을 마비시켜 술에 취하도록 합니다. 혈중 알코올 농도 약 0.04%까지는 기분이 들뜨는 정도지만, 약 0.4%가 되면 뇌 전체가 마비되고 호흡 중추도 위험해집니다.

혈중 알코올이 뇌에 영향을 미치기까지 얼마나 걸릴까요? 사람마다 차이는 있지만 보통 약 30~60분 정도 걸립니다. 그러므로 술을 한꺼번에 많이 마시면 뇌에 영향이 미쳤을 때엔 이미 혈중 알코올 농도가 과도하게 높아져 손 쓸 방도가 없습니다.

많이 마시지 않아도 술을 마시면 두통이 생깁니다. 그 원인은 매우 다양해요. 알코올을 간에서 분해할 때 많은 양의 수분이 필요합니다. 그래서 뇌척수액 수분 손실로 저압 상태가 되어 뇌 주변 신경이 자극을 받아 두통이 생기기도 합니다. 또 아세트알데하이드가 산화될 때 산소가 다량 유입된 결과 혈관이 확장돼 혈관이 자극되거나, 알코올 분해 과정에서 저혈당이 되며 아드레날린이 방출되어 신경이 과민해지는 등 여러 이유가 있습니다.

또 아세트알데하이드는 독성이 높아 몸을 구성하는 세포나 단백질 등을 산화시키며 파괴해, 체내 화학 반응을 저해하기도 해요. 일본인을 포함한 몽골계라 불리는 인종에는 유전적으로 알데하이드 탈수소 효소의 작용이 약하거나 아예 없는 사람이 많습니다. 일본인의 경우 절반 가까이가 여기에 해당한다고 합니다. 서양인에 비해 일본인이 술에 약한 이유를 이제 이해하겠지요? 알코올을 분해하지 못하는 사람에게 결코 술을 권해서는 안 된다는 사실을 잊지 마세요.

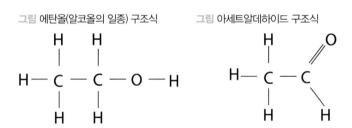

그림 에탄올(알코올의 일종) 구조식   그림 아세트알데하이드 구조식

12

건강을 위해 레드 와인이나 녹차를 마신다?

마사가 히로아키

레드 와인 하면 프렌치 패러독스(프랑스인과 관련된 역설)가 떠오릅니다. 이는 프랑스인들이 평소 많은 양의 동물성 지방을 섭취하는데도 심장 질환으로 사망하는 사람이 적기 때문에 생긴 말입니다. 사실 프렌치 패러독스는 과학적으로 설명할 수 있답니다. 프랑스인들이 사랑하는 레드 와인으로요.

레드 와인에는 포도 껍질의 폴리페놀류가 함유되어 있어요. 그중에서도 유명한 것이 레스베라트롤인데, 다른 폴리페놀과 마찬가지로 항산화 기능이 있어 동물에게서는 치매 예방, 혈당 억제, 항암 작용과 수명 연장 효과 등이 있다고 알려져 있습니다. 인체에도 혈액 순환 개선, 동맥 경화 예방, 일부 암 발생 억제 및 치매 예방 효과 가능성이 있다는 연구도 있지요.

흥미로운 것은 레스베라트롤을 매일 150mg만큼 섭취할 경우, 대사율, 혈당치, 혈압 등이 저하되어 간에 쌓인 지방이 줄어든다는 점입니다. 장수 유전자라고도 불리는 시르투인(Sirtuin) 유전자와의 관계나 노화를 막는 약 개발이라는 관점에서도 연구되고 있지만, 장기 섭취의 효과에 대해서는 연구 성과를 조금 더 기다려야 합니다. 한편 레스베라트롤 150mg의 경우 레드 와인 수십 L의 분량이기 때문에 건강 보조제로 섭취하는 사람도 늘고 있습니다.

녹차에 들어 있는 카테킨

녹차에 함유된 주목할 만한 유효 성분은 폴리페놀의 일종인 카테킨류입니다. 떫은맛 때문에 싫어하는 사람도 있지만 인체에 다양한 긍정적 작용을 합니다.

예를 들어 카테킨류는 소장 내에서 리파아제의 기능을 떨어뜨려 지방의 소화 · 흡수를 방해하고 콜레스테롤 흡수도 억제합니다. 또 항균 작용도 있어 충치 방지 및 감염병 예방에 효과가 있으며 간 등에서 지질 대사 효소의 합성을 유도하기도 해요. 이들은 혈중 콜레스테롤 수치나 내장 지방을 절감시켜 카테킨류를 관련 성분으로 한 기능성 식품이 판매되고 있습니다. 카테킨의 항산화 작용은 암 예방 효과와 함께 혈압 상승 억제, 혈당 억제, 항알레르기 작용 등도 보고되었습니다.

섭취할 때 주의해야 할 점

이처럼 레드 와인과 녹차에는 모두 건강 보조 기능이 있습니다. 레드 와인과 녹차는 다른 유효 성분도 함유하고 있어, 적당량을 그대로 마시는 것이 좋습니다. 레드 와인은 가열하여 에탄올을 제거하고 요리에 이용할 수도 있어요. 카테킨류는 건강 보조제를 통해 하루에 600mg(녹차 10~20잔 분량, 기능성 음료 1병분 상당)을 장기간 섭취한 경우, 간 장애가 발생한 사례가 있으므로 보조제 복용에도 주의해야 합니다.

그림 레스베라트롤 구조식

그림 카테킨(에피카테킨) 구조식

13

지나친 간장 섭취로 인한 소금 중독

사마키 다케오

과거 일본에 징병제가 있었을 때, 남성은 20세가 되면 신체검사를 중심으로 하는 병역 판정 검사를 받아야 했습니다. 검사 결과의 성적에 따라 갑종부터 제1을종, 제2을종, 병종 등으로 차례차례 분류되었고, 신체나 정신 상태가 병역에 적합하지 않은 사람은 정종을 받았습니다. 병역 판정 검사에서 갑종 합격을 받으면 국가로부터 우수한 제국 신민(건장한 남성)으로서 명예를 얻는 한편, 현역 징집의 가능성이 매우 높다는 것을 의미했습니다.

그래서 어떤 이들은 징병을 피하기 위해 검사 전 대량의 간장을 마시기도 했어요. 안색이 파랗게 변하고 심장 박동이 격해져, 심장 질환을 이유로 병종 등급을 받는다는 것이 그 이유였지요. 그러나 때로는 과다 섭취한 간장으로 인해 쉽게 낫지 않는 병으로 발전해 심한 경우 사망하기도 했습니다.

간장을 과다 섭취했을 때 문제가 되는 것은 주성분 염화나트륨인 소금입니다. 일반 간장은 염분 농도가 약 16%입니다. 밀도가 약 1세제곱센티미터당 $1.12g(1.12g/cm^3)$이므로 100ml의 간장이라면 112g입니다. 그러므로 100ml 간장에 들어 있는 소금은 112×0.16=18, 약 18g 정도입니다.

지나친 간장 섭취와 소금 중독

소금의 급성 독성 반수 치사량(LD50)은 1kg당 3~3.5g 정도입니다. 문헌에 따라서는 1kg당 0.75~5g 또는 0.5~5g 등으로 기재되기도 하며, 같은 경구 섭취라도 실험에 사용한 쥐의 종류에 따라 다소 차이가 납니다.

반수 치사량을 3g으로 가정했을 때 체중 60kg의 성인이라면, 소금 180g으로 절반이 사망한다는 뜻입니다. 이 소금양은 간장 약 1L에 해당합니다. 물론 반수 치사량에도 편차가 있고 개인별로 신체 차이도 있으므로 더 적은 양일 때도 위험할 수 있어요. 또 다른 자료에 의하면 간장의 인간 추정

치사량은 1kg당 2.8~25ml라는 데이터도 존재합니다.

소금 중독은 고농도 식염수로 위세척을 했을 때, 구토를 유도하기 위해 다량의 식염수를 먹인 경우 등 의료 현장에서의 발생 사례가 있습니다. 증상으로는 각 장기의 울혈, 지주막하 및 뇌의 출혈 등이 발생했어요.

스스로 목숨을 끊기 위해 간장 약 600ml를 마신 사건에서는 의식이 점차 저하되어 안면 경련, 전신 경련을 일으키고 결국에는 뇌부종에 의한 중심성 헤르니아로 뇌사 상태에 빠졌습니다. 중심성 헤르니아가 나타난 것은 체내 삼투압을 낮출 목적으로 5% 농도의 포도당 수액을 급속 투여한 것이 원인이었다고 합니다. 따라서 소금 중독 치료에서는 삼투압을 천천히 낮추는 방법이나 복막 투석 등의 수단을 선택하는 것이 좋습니다.

표 간장을 활용한 음식과 염분량

간장	간장 소스 참치회 3점	다량 → 간장 0.85g(염분량 0.12g) 소량 → 간장 0.44g(염분량 0.06g) 고추냉이를 곁들이면 사용량이 줄어든다.
양념	조미 양념(간장 50%) 만두 1개	다량 → 양념 2.9g(염분량 0.23g) 소량 → 양념 0.5g(염분량 0.04g)
국물	조미 국물(간장 20%) 소면 220g	다량 → 국물 90g(염분량 3.1g) 소량 → 국물 62g(염분량 2.1g) 섭취하는 국물의 염분량은 많게는 2.1g, 적게는 0.8g

출처: 「図解雑学 毒の化学 조리를 위한 베이직 데이터 제4판」, 〈女子栄養大学出版部〉

14

소금과 식염 감수성

사마키 다케오

'소금 섭취량이 극단적으로 적은 이누이트족(에스키모) 중에는 고혈압이 거의 없다', '소금 섭취량이 많은 아키타현 사람들의 경우 그렇지 않은 오키나와 사람들보다 고혈압이 많다'라는 조사 결과가 알려지자, 사람들은 소금과 고혈압의 관련이 깊다는 인식을 갖게 되었습니다.

일본 후생노동성은 고혈압 예방을 위해 염분을 18세 이상 남성의 경우 하루 8g 미만, 18세 이상 여성의 경우 하루 7g 미만으로 섭취하도록 권장합니다. 세계보건기구(WHO)는 하루 5g을 목표치로 잡고 있어요. 식품 매장에 저염 간장이나 저염 된장처럼 소금 함유량이 낮은 식품이 다수 진열된 이유가 바로 이것입니다.

한편 소금과 고혈압의 관련이 깊다는 인식을 뒤집는 '인터솔트 스터디'라는 연구 결과가 발표되었습니다. 1987년과 1988년, 전 세계 32개국 52개 지역에서 진행한 대규모 역학 조사로 소금과 혈압의 관계를 밝히기 위한 것이었어요.

조사는 식사 내용을 듣고 소금 섭취량을 추정하는 기존 방식에서 벗어나, 주민의 소변을 분석하여 소금 섭취량을 측정하는 객관적이고 정밀한 방식으로 진행되었습니다. 소금을 거의 섭취하지 않고 고혈압 환자도 없는 4개 민족 집단을 조사 대상에 포함했을 때는 소금 섭취와 혈압 사이에 약한 관련이 있는 것으로 나타났습니다. 하지만 생활 환경이 극단적으로 다른 4개 민족 집단의 데이터를 제외했을 때는 소금 섭취량과 고혈압은 상관이 없다는 놀라운 결과가 나왔습니다.

식염 감수성과 식염 비감수성

그 후 식염 감수성과 식염 비감수성이라는 개념이 등장하며 소금을 섭취했을 때의 혈압 변화가 사람마다 다르다는 사실이 밝혀졌습니다. 일부 고혈압 환자 중에는 소금을 섭취하면 혈압이 쉽게 상승하고, 또 저염식을 먹거나 이뇨제를 투여하면 하면 바로 혈압이 떨어지는 사람들이 있습니다. 이러한 고혈압을 식염 감수성 고혈압이라고 불러요.

반면 소금을 섭취해도 혈압이 크게 상승하지 않고, 저염이나 이뇨제를 투여해도 반응하지 않는 사람들도 있습니다. 이는 식염 비감수성 고혈압이라고 부르지요. 전자가 30~50%, 나머지가 후자로, 전체적으로는 후자가 더 많습니다.

유전적으로 식염 감수성이 높아 소금 섭취량이 늘어나면 혈압이 상승하는 사람 외에는 평소 소금을 크게 제한할 필요는 없습니다. 다만 개개인의 식염 감수성 여부를 판단하기 어려우므로 남성은 8g 미만, 여성은 7g 미만으로 섭취하는 것이 건강을 위하는 길이겠지요.

그림 식염 감수성이 높을 가능성이 있는 경우

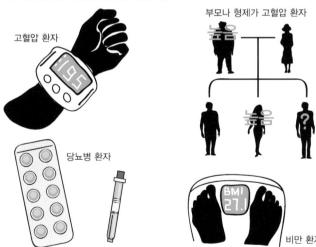

15

콜레스테롤 섭취 제한을 철폐한 이유

와다 시게오

2015년 4월, 후생노동성은 식사 섭취 기준에서 콜레스테롤 섭취 목표량 (상한치)을 철폐했습니다. 콜레스테롤은 분명 동맥 경화와 같은 성인병에 영향을 미치는데, 과연 어떻게 된 것일까요?

콜레스테롤이란?

콜레스테롤은 세포막의 기능을 유지시키고 스테로이드 계열의 부신피질 호르몬 및 성호르몬의 원재료가 되며 지방의 소화·흡수를 돕는 담즙의 주성분이 되는 등 사람을 비롯한 모든 동물이 살아가는 데 필수 불가결한 영양소입니다. 아기들이 먹는 분유에도 콜레스테롤을 추가할 정도지요.

한편 혈액 속의 총 콜레스테롤양이 너무 많거나 LDL 콜레스테롤(이른바 나쁜 콜레스테롤)과 HDL 콜레스테롤(좋은 콜레스테롤)의 균형이 깨지면 동맥 경화 등이 발생할 수 있습니다.

식사성 콜레스테롤과 혈중 콜레스테롤

우리 몸속의 콜레스테롤은 체내 합성과 음식 섭취를 통해 만들어집니다. 전자는 체중 50kg인 사람의 경우 하루 약 0.60g, 음식으로부터의 콜레스테롤(식사성 콜레스테롤)은 $\frac{1}{3}$에서 $\frac{1}{7}$정도입니다. 또한 식사성 콜레스테롤이 늘어나면 체내 합성량이 줄어들고, 반대로 식사성 콜레스테롤이 줄어들면 체내 합성량이 늘어납니다. 즉 콜레스테롤 섭취량은 혈중 콜레스테롤양에 직접 반영되지 않습니다.

이 사실에 근거하여 2015년 2월, 미국 농무부는 식사성 콜레스테롤 섭취량과 혈중 콜레스테롤 사이의 명백한 연관성을 찾을 수 없다는 이유로 섭취 제한을 없앴습니다. 일본에서도 같은 이유로 콜레스테롤 상한치를 없앴지요.

그렇다고 해도 방심은 금물입니다. 이 데이터는 질병이 없는 정상인에 대한 것이므로 이미 고콜레스테롤 혈증을 앓고 있는 사람에게까지 적용된다고는 장담할 수 없습니다.

그림 콜레스테롤 수치를 낮추는 식품의 예

해조류

콩 식품

등 푸른 생선

채소 및 과일

16

젖산은 피로 물질이 아니다?

오가와 도모히사

영국의 생리학자 아치볼드 힐의 개구리 근육을 이용한 유명한 실험(1929년)으로부터 수십 년간, 근육의 피로는 젖산 때문이라는 주장이 정설로 받아들여졌습니다. 이는 근육 수축 시 에너지원으로서 글리코겐(당)이 분해될 때 나오는 젖산이 축적되고, 체내(혈액) 산·염기 균형이 산성 쪽으로 치우쳐(산증) 수축 단백질의 기능을 저해한다고 생각했기 때문입니다.

그러나 2001년 덴마크 오르후스 대학의 생리학자 올 닐슨은 젖산이 아닌 세포 밖에 축적된 칼륨 이온이 근육 피로의 원인 물질이라는 사실을 밝혀냈습니다. 근육이 수축할 때 칼륨 이온이 세포 내에서 밖으로 이동하는데, 이 칼륨 이온이 근육의 수축능을 저하시킨 것이지요. 이는 칼륨 이온이 근섬유에서의 활동 전위 증폭과 관련된 나트륨 통로를 방해하기 때문으로 알려졌습니다.

젖산이 피로 물질이라는 기존 학설과는 달리 칼륨 이온에 의해 약해진 근육에 젖산을 첨가했더니 피로에서 회복하는 모습을 관찰할 수 있었습니다.[15] 젖산이 오히려 근육 피로를 막는 작용을 한 것이지요.[16]

또 피로 물질로 인산의 축적도 원인으로 꼽힙니다. 인산은 에너지 저장 물질인 아데노신삼인산(ATP)과 크레아틴 인산 분해로 생기는데, 고된 운동 후에 증가합니다. 인산의 농도가 증가하면 미오신의 아데노신삼인산(ATP) 분해 활성이나 근원섬유의 칼슘에 대한 반응성, 근소포체의 칼슘 농도 조절 기능 등이 저하되는 사실이 밝혀짐에 따라 근육 피로의 원인으로

---

15 Thomas H. Pedersen, Ole B. Nielsen, Graham D. Lamb2, D, George Stephenson "Intracellular Acidosis Enhances the Excitability of Working Muscle" Science Vol. 305, Issue 5687,pp.1144–1147, 2004

16 젖산에 의해 pH가 저하되면서 염화물 이온의 세포 투과성이 떨어져, 활동 전위를 만드는 데 필요한 나트륨 이온 유입량을 감소시킵니다. 결과적으로 근섬유의 수축성을 지지하여 피로를 억제합니다.

지목되었어요.

수분이 부족할 때도 피로가 쌓이는 근육

우리는 격렬한 스포츠 등으로 땀을 많이 흘렸을 때나 구토 및 설사 등에 의한 탈수가 일어났을 때도 피로를 느낍니다. 이는 혈액 속 수분이 부족해 칼륨, 나트륨이나 칼슘 등 미네랄의 균형이 깨져 근육 수축이 정상적으로 이루어지지 않기 때문이지요. 수분이 부족하면 결국 근육이 긴장하고 쉽게 경직됩니다. 이렇게 칼륨 이온과 인산은 근육 수축에 영향을 미쳐 근육 피로를 일으킵니다.

지금까지 젖산은 격렬한 운동 후 글리코겐의 분해로 만들어져 축적됨에 따라 피로를 일으키는 물질로 지목받았어요. 현재까지도 근육 피로뿐만 아니라 근육통의 원인으로 오해받고 있지요. 그러나 실제로는 심한 운동 후 피로를 회복시키기 위한 방어 물질, 근수축을 촉진 · 보호하기 위한 영양 물질이랍니다.

그림 근육 피로와 미네랄 균형

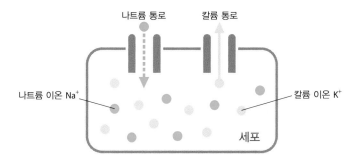

퓨린체란 퓨린환이라 불리는 화학 구조를 가진 물질을 말해요. 유전자 본체의 DNA와 그 작용을 돕는 RNA를 구성하는 염기 아데닌과 구아닌이 이 구조를 가지죠. 또 이들 대사물이나 카페인에도 퓨린환 구조가 있습니다.

다수의 세포로 이루어진 식품, 예를 들어 정소(물고기의 이리), 난소, 간, 건어물이나 가다랑어포의 경우 특히 퓨린체 함유량이 높습니다. 이들 식품에는 아데닌, 구아닌, 그리고 아데닌의 대사물인 하이포크산틴 등이 많이 함유되어 있습니다.

퓨린체와 대사

퓨린체는 불필요해지면 주로 간에서 요산으로 변환되어 신장을 통해 소변으로 배출됩니다. 그런데 이 요산은 혈중에서 완전히 녹지 않을 경우 종종 결정을 만들어요. 이 결정 때문에 주위의 감각 신경에서 통증을 느끼게 되는데 이것이 바로 통풍이에요.

식사로 섭취하지 않아도 퓨린체는 체내에서 생성됩니다. 기능을 다한 세포는 점차 죽기 때문에 퓨린체들을 대사(분해)하여 배출할 필요가 있습니다. 건강을 유지하기 위한 운동은 매우 중요하지요? 그런데 운동을 하면 몸을 움직이기 때문에 세포가 조금씩 손상되고 퓨린체 대사량은 늘어납니다.

수분을 섭취하지 않은 채 운동하면 요산 농도는 특히 높아집니다. 스트레스도 요산 농도를 높이고, 개인의 체질에 따라 요산 농도에 차이가 나기도 합니다. 한편 여성호르몬 에스트로겐은 체내 요산 농도를 낮춰 줍니다. 통풍 환자 중에 남성이 많은 것은 에스트로겐이 적기 때문이에요.

통풍에 관한 속설

통풍에 관한 여러 속설이 있지만 그중에서도 통풍 예방식에 관한 정보는 특히 엇갈리는 일이 많습니다. 퓨린체인 카페인이 함유된 커피의 경우, 과거에는 통풍 환자가 피해야 할 식품으로 알려졌습니다. 하지만 카페인의 이뇨 작용으로 소변량이 늘어나 오히려 요산 배출에 더 효과적이라는 사실이 밝혀지면서 현재는 통풍 환자에게도 커피는 권장 식품이 되었습니다.

또 하나는 술에 관한 속설입니다. 퓨린체 함량이 많은 맥주는 통풍에 좋지 않다는 사실이 잘 알려져 있지요? 그렇다면 퓨린체를 전혀 포함하지 않는 위스키나 소주, 증류주는 어떨까요? 에탄올에도 이뇨 작용이 있는데, 에탄올이 대사될 때는 간세포의 일부가 죽기 때문에 퓨린체를 분해할 필요가 있습니다. 게다가 이때 에탄올의 이뇨 작용으로 체내 수분도 줄어듭니다. 따라서 통풍 환자라면 맥주뿐만 아니라 음주 자체를 삼가야 합니다.

퓨린체를 포함한 식품을 피하더라도 체내에서 통풍의 원인이 되는 요산의 생성은 피할 수 없어요. 퓨린체는 체내에 항상 존재하고 대사 과정에서 반드시 요산이 생성되기 때문이지요. 그러므로 통풍을 피하려면 원활한 요산 배출을 위해 수분을 제대로 섭취하는 등의 노력도 필요합니다.

그림 퓨린체의 예

아데닌　　　　　구아닌　　　　하이포크산틴
　　　　　　　　　　　　　　　（아데닌의 대사물）

카페인　　　　요산

18 비아그라의 원리

아사가 히로아키

비아그라는 발기 부전 효과를 보인 의료용 의약품입니다. 협심증 치료제 후보로 임상 시험을 하던 중 우연히 발기 부전에 효과가 있다는 사실이 발견되어 상품화된 일화는 널리 알려져 있지요.

이 약의 작용 원리를 이해하기 위해서는 먼저 발기 현상에 대해 알아야 해요. 성적 자극을 받으면 그 자극이 방아쇠가 되어 대뇌에 성적 흥분이 발생합니다. 연이어 부교감 신경의 활동이 활발해지고 이어서 제3의 자율 신경이라고도 불리는 NANC 신경도 활발해져요. 그 결과 NANC 신경에서 아미노산의 일종인 아르기닌을 원료로 합성된 일산화 질소가 미량 방출되고, 이것이 음경 내 해면체 평활근으로 들어갑니다. 일산화 질소는 평활근 세포 내에서 구아닐산 고리화효소라는 효소를 활성화시킵니다.

이 효소는 세포 내에서 정보를 전달하는 사이클릭 GMP(cGMP)라는 물질을 만들고, 이는 해면체 평활근을 이완시켜 동맥을 넓힙니다. 그 결과 음경 내 동맥에 혈액이 쌓여 음경이 부풀어 오르고, 이 상태는 음경에서 혈액이 나오는 정맥을 압박하기 때문에 한동안 지속됩니다. 단, cGMP는 PDE5라는 평활근 내 효소에 의해 서서히 분해되므로 곧 원래대로 돌아오게 되지요.

cGMP 분해를 막는 비아그라

발기 부전이라 함은 앞서 살펴본 과정 중 어딘가에 문제가 생겼다는 뜻입니다. 따라서 일산화 질소의 방출량이나 cGMP를 늘리면 문제가 개선됩니다. 비아그라는 cGMP를 분해하는 효소의 PDE5의 작용을 저해하여 cGMP를 증가시키고, 해면체 평활근 이완과 동맥 확장을 촉진하는 기능을 합니다. 이처럼 비아그라는 과학적 원리와 작용 원리를 바탕으로 하는 치료

제랍니다.

하지만 잘못된 비아그라 복용으로 인해 사망한 사례도 있습니다. 대부분 협심증약이나 혈압 강하제와 함께 복용했기 때문입니다. 협심증약으로 유명한 니트로글리세린은 일산화 질소와 비슷한 분자 구조를 가져, 일산화 질소와 동일한 작용을 합니다. 또 혈압 강하제는 전신에 있는 평활근의 cGMP 분해 효소(PDE1~PDE6의 6종)를 저해하지요. 즉 니트로글리세린과 혈압 강하제는 혈관을 넓히는 역할을 합니다.

비아그라는 음경에 특히 많은 PDE5에만 작용하는 국부적 혈관 확장약이지만, 복용하면 역시 혈압이 떨어집니다. 따라서 이들을 동시에 복용하면 혈압이 급격하게 떨어져 급성 심정지나 부정맥을 유발할 수 있으므로 각별한 주의가 필요합니다.

그림 사이클릭 GMP와 비아그라의 구조

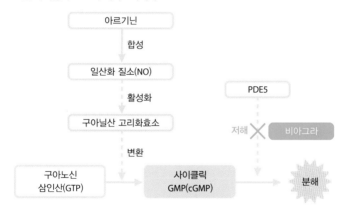

19

행복을 부르는 뇌 내 마약

와다 시게오

인간은 결정적인 순간에 평소엔 상상하기 힘든 초인적인 힘을 발휘할 때가 있습니다. 스스로 생각했던 것 이상의 힘이 내재되어 있다고 할 수 있어요. 달리기를 할 때 처음에는 힘들고 숨도 차지만, 참고 달리다 보면 오히려 기분이 좋아져 예상보다 훨씬 더 많은 거리를 뛰기도 합니다. 이를 러너스 하이라고 해요. 러너스 하이가 지속되는 동안 뇌 속에서 어떤 변화가 일어난답니다.

러너스 하이가 일어나는 이유

러너스 하이가 알려진 계기는 모르핀 수용체의 발견 때문입니다. 약물 등의 물질은 세포 표면의 수용체라는 부분과 결합하여 우리 몸에 여러 가지 기능을 활성화시키거나 억제합니다.

1973년 마약의 대표 격인 모르핀과 결합하는 수용체가 뇌에서 발견되었어요. 모르핀은 원래 체내에 존재하지 않습니다. 그래서 과학자들은 '모르핀과 비슷한 물질이 뇌 속에 있는 것이 아닐까'라는 의문을 갖고 연구를 시작했고 엔케팔린이라는 물질을 발견했습니다. 엔케팔린은 진통 효과와 도취감, 행복감(쾌감) 등을 주는 마약과 같은 효과가 있어 뇌 내 마약이라고도 불려요. 이후에 엔케팔린과 비슷한 작용을 하는 약 20종의 뇌 내 마약을 발견했어요.

그중 베타엔도르핀 가장 효과가 커, 모르핀의 5배 이상의 진통 효과를 나타냅니다. 이 물질은 맛있는 음식을 먹었을 때나 성관계를 했을 때 등 사람의 본능이 충족될 때 분비되는 것으로 알려져 있어요.

뇌 내 마약과 생활

뇌 속에 있는 마약이라고 하면 마약이라는 단어 때문에 부정적인 인상을 가질지도 모르겠습니다. 하지만 이 뇌 내 마약 덕분에 우리는 다양한 어려움을 극복할 수 있어요.

예를 들어 뇌 내 마약에는 강력한 진통 효과가 있답니다. 극단적이긴 하지만, 가끔 축구 경기 도중 골절상을 입었는데도 통증을 거의 느끼지 못하고 경기를 계속하다가 종료 후 심한 통증을 호소하는 경우가 있습니다. 러너스 하이와 비슷한 상황이지요. 지금 반드시 해야만 하는, 혹은 하고 싶다는 의지가 아주 강할 경우 뇌에서 베타엔도르핀 등의 뇌 내 마약이 분비되어 통증을 잘 느끼지 못하도록 만드는 거예요.

좋아하는 일로 자신을 보호하는 인간

자신이 좋아하는 일을 하고 있을 때도 뇌 내 마약이 분비됩니다. 즐겁고 행복한 기분이 들고 면역력도 강화되는 등 신체의 자연 치유 능력이 높아져요. 우리 인간은 살아가면서 여러 형태의 정신적 스트레스와 육체적 통증으로부터 자신을 보호하고, 건강하게 살아가려는 본능이 갖추어져 있습니다. 이를 적극적으로 돕는 물질이 바로 뇌 내 마약입니다.

20

오존으로 물을 정화하는 방법

사마키 다케오

수돗물을 인공 처리하기 전의 물(원수)은 하천, 댐, 호수, 복류수, 우물 등으로부터 끌어옵니다. 그 물은 가정으로 전달하기 전에 정수장으로 보내 정화, 살균 과정을 거쳐야 해요. 정수장에서의 처리는 침전, 여과, 살균 순으로 진행됩니다.

정수장에서 원수를 정화하는 방법으로는 '금속 여과법'과 '고도 처리법' 두 가지가 있습니다. 금속 여과법은 침전 등으로는 제거가 어려운 오염을 염소의 힘으로 분해·제거합니다. 고도 처리법은 오존이나 활성탄을 사용하여 오염을 분해·제거합니다. 금속 여과법보다 수준 높은 처리 과정이에요. 고도 처리법의 경우 곰팡이 냄새가 쉽게 분해되고 염소 냄새(석회 냄새)도 약하기 때문에 거의 무취에 가까운 상태가 됩니다.

한때 '수돗물이 맛없다'는 불만의 목소리가 높아졌던 시기가 있었습니다. 수돗물 처리법이 급속 여과법에서 고도 처리법으로 전환되기 시작한 것도 바로 이때부터지요. 특히 원수가 되는 하천의 수질이 좋지 않았기 때문에 금속 여과법으로 정수한 물은 강한 염소 냄새와 곰팡내가 났습니다. 하지만 고도 처리법으로 전환한 후 도쿄와 오사카의 수돗물은 이전과는 다르게 훨씬 맛있어졌지요.

고도 처리법의 장점

고도 처리법의 장점은 물맛이 좋아지는 것뿐만이 아니랍니다. 기존의 정수 방법으로 정수했을 때 수돗물에서 트리할로메탄이라는 발암성 물질이 검출되어 문제가 되기도 했습니다. 원수에 포함되어 있던 것이 아니라, 염소 처리하는 급속 여과 과정에서 염소와 오염의 일부가 결합해 생긴 것이 바로 트리할로메탄이에요. 오염 분해에 염소를 이용하지 않는 고도 처리법에서는 트리할로메탄이라는 물질이 발생하지 않아요.

수질과 물맛의 관계

한편 고도 처리법에서도 마지막 살균에는 염소를 사용합니다. 수도법 규정에 따라 수돗물에는 염소가 남아 있어야 하기 때문이에요. 같은 수돗물이라고 해도 원수의 수질이나 그 후의 처리법에 따라 물맛이 달라집니다. 일반적으로 더러운 원수를 급속 여과한 것은 맛이 없고, 더러운 원수라도 고도 처리한 경우 맛이 있습니다. 물론 원수가 깨끗하다면 급속 여과도 문제없어요. 하지만 비용이 많이 들기 때문에 원수의 질이 나쁜 경우에 주로 시행합니다.

그림 고도 처리법 과정

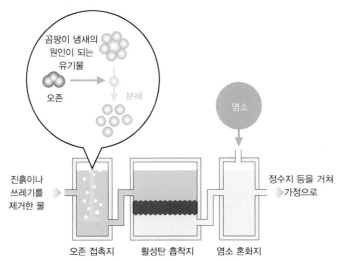

곰팡이 냄새의
원인이 되는
유기물

오존 → 분해

염소

진흙이나
쓰레기를
제거한 물

정수지 등을 거쳐
가정으로

오존 접촉지   활성탄 흡착지   염소 혼화지

21

활성탄과 중공사막을 이용한 정수기

사마키 다케오

가정에서 사용되는 정수기의 기본 구조는 어느 회사든 거의 동일합니다. 대부분 활성탄과 중공사막 필터 조합으로 구성되어 있지요. 수돗물을 정수기 내 활성탄과 중공사막 필터로 여과하거나 흡착하여 잔류 염소, 붉은 녹, 냄새 물질 등을 제거합니다. 크게 수도꼭지에 설치하는 형태와 물을 여과재가 담긴 탱크에 넣어 거치하는 형태 두 가지로 나눌 수 있어요.

정수의 주인공, 활성탄

정수기의 주인공은 활성탄입니다. 원래 숯은 단위 면적당 표면적이 매우 크기 때문에 다양한 물질을 흡착하는 성질을 가지고 있어요. 특히 숯을 만들 때 산소처리(활성화) 과정을 거쳐 흡착력을 강화한 것을 활성탄이라고 합니다. 원료로는 목탄이나 야자 껍질 등을 사용해요.

다수의 미세 구멍이 뚫려 있는 활성탄은 1g당 $800 \sim 1,200\,m^2$의 매우 큰 표면적을 가져 흡착성이 아주 뛰어납니다. 그래서 예전부터 탈색제나 탈취제 등으로 사용되었어요. 정수 과정에서 활성탄은 다수의 구멍을 통해 색소 분자나 냄새 물질 분자, 유해 물질 분자를 걸러 제거하는 역할을 합니다.

한 번 더 거르는 중공사

중공사막 필터의 중공사란 폴리설폰처럼 내열성 및 내구성이 뛰어난 합성 고분자로 만들어진 파이프 모양의 실입니다. 그 속은 비어 있고 중공사 벽에는 무수히 많은 미세 구멍이 뚫려 있어요. 이 중공사를 수천 개씩 다발로 묶어 정수기에 사용합니다. 중공사에 뚫린 구멍을 통해 물은 쉽게 통과하고 세균이나 이물질만 분리됩니다.

주기적으로 필터를 교체할 것

정수된 물은 기본적으로 식수나 차를 끓일 때 사용합니다. 그러나 정수기를 통한 물이라고 전부 안심할 수는 없습니다. 활성탄은 사용하다 보면 점점 흡착력이 약해져 결국에는 기능을 잃기 때문이에요. 자칫 잘못하면 원래 수돗물보다 더 더러워질 수도 있습니다. 따라서 주기적으로 활성탄 필터를 교체해야 합니다.

사용하지 않을 때 주의 사항

세균이 중공사막 필터를 빠져나가거나 유출구 부근에서 오히려 증가하는 경우도 있습니다. 정수기를 사용하지 않으면 세균이 점점 늘어나는데, 특히 여름철에는 주의가 필요해요. 이럴 때는 1~2분 동안 정수기 물을 흘려보낸 후 사용하는 것이 좋습니다.

한편 정수기 중에는 알칼리 이온이나 미네랄을 늘리는 효능, 파이 워터 등 특별한 물을 제공한다는 등의 효능을 강조하는 제품이 있습니다. 활성탄과 중공사막 필터 외에 부가 장치를 달아 비싼 가격에 판매하는 데, 실제 미네랄량은 변하지 않으므로 구매에 주의해야 합니다.

22

아침 수돗물에 납이 들었다?

사마키 다케오

아파트나 공동 주택에 사는 사람은 가끔씩 수돗물에서 쇠 냄새가 나 고생하는 경우가 종종 있습니다. 아파트의 저수조나, 저수조로부터 각 가정의 수도꼭지까지 이어지는 수도관 불량 등이 원인으로 꼽히지요.

또 여행 등으로 집을 장기간 비웠다가 돌아왔을 때 붉은 물이 나온 경험도 있을지 모릅니다. 이 붉은 물을 수도 업계에서는 적수라고 불러요. 붉은 물의 원인은 수도관 내부에 쇠 녹이 발생했기 때문입니다. 급수관이나 관의 접합부, 급탕기를 만드는 강철이 서서히 녹이 슬고 그 녹이 벗겨지거나 물에 녹아 색이 뱁니다. 물을 한동안 계속 흘려보내면 대부분은 정상으로 돌아오니 무색투명한 물이 되고 나서 사용하세요.

납으로 만든 수도관은 위험해

쇠가 녹아 녹물이 되어도 건강에는 문제없지만 맛이 나쁘고 마시기에 거부감이 듭니다. 하지만 납이 녹기 시작하면 건강에도 해를 끼칠 수 있어요. 미량이라도 장기간 계속해서 섭취하면 납 중독이 될 가능성이 있기 때문이지요. 과거에는 수도관에 납이 사용되던 시대가 있었습니다. 하지만 납이 수돗물에 녹을 수 있다는 사실이 발견된 후부터는 사용하지 않습니다. 다만 1950년 이전에 지어진 단독 주택에는 지금도 납관이 쓰이고 있는 경우가 있습니다.

아침에 물을 더 건강하게 마시려면

아침에 처음 나오는 물은 밤새 수도관에 고여 있던 물입니다. 따라서 수도관의 재질이 미량이지만 물에 녹아 있을 가능성이 높습니다. 물을 건강하게 마시려면 수도꼭지를 세게 틀어 약 1분간(일반적인 양동이로 약 1컵, 약

8L)정도 흘려보낸 다음 사용하세요. 특히 여행 등으로 장기간 집을 비웠을 때는 조금 더 넉넉하게 2분 정도 흘려보내면 됩니다. 그럼 수도관에 고여 있던 물은 전부 흘러나갈 거예요.

그림 물을 더 건강하게 사용하는 방법

사마키 다케오

수소수 열풍은 2007년 니혼의과대학 오타 시게오 교수(세포 생물학) 연구팀이 '수소 가스가 유해 활성 산소를 효율적으로 제거한다'라는 내용의 논문을 의학 학술지 〈네이처 메디슨〉(전자판)에 발표한 후부터 시작되었습니다. 비록 동물 연구 결과이기는 하지만 수소 가스의 효능이 널리 알려지면서 세간의 관심이 집중되었어요. 오타 교수는 수소의 효능은 활성 산소 중에서 가장 산화력이 강하고 파괴적인 하이드록실 라디칼만을 선택적으로 제거할 수 있는 것이라고 주장했습니다. 나아가 허혈 재관류, 신경 변성, 에너지 대사 및 대사 증후군, 염증, 각막 장애, 치주 질환, 비알코올성 간염, 고혈압, 골다공증 등 다양한 질환에 효과가 있다고 덧붙였어요.

수소수의 인기

수소수에 관해 '대사 증후군에 효과가 있다', '기미와 주름에 효과가 있다', '음주 전에 마시면 숙취가 없다'라는 등의 이야기가 있습니다. 하지만 그 근거가 매우 약합니다. 따라서 시중에서는 특정 보건용 식품이나 기능성 식품이 아닌 청량음료로 판매하고 있어요.

국립건강·영양연구소의 데이터베이스에 2016년 6월 10일, 수소수가 등장했는데, 현재로서는 그 개요가 수소수와 건강에 대한 정확한 평가라고 볼 수 있습니다.

"흔히 '활성 산소를 제거한다', '암을 예방한다', '다이어트 효과가 있다'라고 하지만, 인간에 대한 유효성 면에서 신뢰할 수 있는 충분한 데이터를 찾을 수 없다. 현 시점의 수소수에 대한 유효성 및 안전성 검토는 대부분 질병이 있는 환자를 대상으로 실시된 예비적 연구이며, 이들 연구 결과가 다양한 시판 수소수 제품을 섭취했을 때의 유효성을 나타내는 근거가 된다고는 할 수 없다."

대장에서 수소가 만들어진다?

수소는 물에 잘 녹지 않습니다. 1기압, 섭씨 20도일 때 물 1kg(1L)에 녹는 수소의 최대량은 0.0016g(1.6mg), 농도로는 1.6ppm(=0.00016%)으로 미량에 그칩니다. 또한 빠져나가기 쉬워 농도는 더욱 옅어집니다.

사실 대장에는 수소산생균이 존재하여 수소를 다량으로 생산하고 있어요. 방귀의 10~20%는 수소이며 대장의 장내 세균에 의해 발생하는 가스는 매일 7~10L나 됩니다. 그 성분 중 가장 많은 것이 바로 수소에요. 일부는 방귀로 외부에 배출되지만 대부분은 체내에 흡수되어 혈액을 타고 순환합니다. 그 안의 수소는 수소수로 섭취하는 수소량에 비해 훨씬 많습니다.

앞서 소개한 국립건강·영양연구소의 데이터베이스에서도 '수소 분자(수소 가스)는 장내 세균에 의해 체내에서도 생산되고 있으며, 그 생산량은 식이 섬유 등의 섭취에 의해 높아진다는 보고가 있습니다. 따라서 시판되는 다양한 수소수 제품을 섭취한 뒤 얻을 수 있는 수소 분자 효과에 대해서는 체내에서 생산되는 양도 고려해야 한다'라고 지적하고 있습니다. 만약 수소에 효과가 있다면 수소수보다는 수소 생산량을 늘리는 식품을 섭취하는 편이 더 낫지 않을까요?

가전제품의 '○○ 이온'이란?

나카야마 에이코

이온이란 전자를 잃거나 얻어서 전기적 성질을 띤 원자를 말합니다. 양(+)이온은 원자가 전자를 잃어 양전하를 띤 이온을 말하고, 음(-)이온은 원자가 전자를 얻어 음전하를 띤 이온을 뜻하지요. 각각 카티온, 아니온이라고도 합니다.

그런데 텔레비전이나 온라인 광고에서 가전제품을 소개하며 소위 '무슨 이온'이라는 말을 사용하는 것을 볼 수 있습니다. 사실 이 단어는 실제 학술 용어가 아닌 기업이나 업계에서 붙인 이름이랍니다. 과학적 근거가 있는 것처럼 들리게 해 소비자들의 신뢰감을 얻으려는 하나의 방안일까요?

예를 들어 '마이너스 이온'은 화학적으로 정의되지 않은 용어입니다. 2002년경부터 유행하기 시작해 공기청정기를 비롯한 다양한 가전제품 광고에 등장했어요. 마이너스 이온이라고 하니 음이온이 떠오르지요? 하지만 정체는 음이온이 아닙니다. 당시 일본 국민생활센터에 다수의 상담 문의가 접수되기도 했어요. 결국 2003년 경품표시법이 개정됨에 따라 가전제품의 상자나 광고장, 카탈로그 등에 마이너스 이온이라는 글자는 거의 사라지게 되었습니다.

물론 이후에도 다양한 광고가 쏟아져 나오며 과학적 근거가 명확하지 않은 표현들이 넘쳐나고 있어요. 그러니 가전제품을 구매할 때 광고 문구가 아닌, 제품의 물리적 성능 등을 확인하여 선택해야겠지요?

제4장

친숙한 우리 주변의 화학 물질

자판기에서 판매하는 음료수 캔은 철 또는 알루미늄으로 만들어져 있습니다. 재활용률을 비교하면 철(스틸) 캔이 약 92%로 가장 높고 페트병이 약 86%, 알루미늄 캔이 약 87%, 유리병이 약 67%이므로, 철(스틸) 캔이 가장 많이 재활용된다고 할 수 있습니다. 1년간 재활용되는 철(스틸) 캔은 약 60만 톤이라고 합니다. 그럼 다른 철제 제품을 포함하면 얼마나 될까요?

또 다른 철제 제품의 회수

건물용 철골·철근, 교각 등의 구조물, 자동차, 열차, 가구, 전기제품 등 우리 주변의 다양한 곳에서 철을 사용합니다. 그 총량(철강 축적량)은 대략 13억 톤으로 이들 중 시간이 지나 해체·폐기된 것이 철 스크랩(고철)이 되어 매년 3000~4000만 톤씩 회수되고 있습니다.

철은 자기력에 반응하기 때문에 강력한 전자석을 사용하면 다른 재활용 폐기물로부터 분리·추출하기 쉽고, 또 전기로로 녹이면 다시 원래의 철(주로 건축 자재의 철골 등)로 거듭납니다. 따라서 회수된 철의 거의 전량이 재활용되고 있다고 해도 과언이 아니랍니다.

현재 철광석으로부터 새로 철을 만드는 것을 포함한 조강 생산의 약 절반이 재활용 철입니다. 한편 최근에는 스크랩 상태로 해외(주로 아시아권)에 수출하고 정련된 철제품을 다시 수입하는 사례가 늘어났어요. 그렇게 하는 편이 일본 국내에서 재처리하는 것보다 경제적이기 때문이지요. 그러나 해외 철 수요 변동량에 크게 좌우되기 때문에 그다지 좋은 방법이라고는 할 수 없어요.

철 재활용에서 주의해야 할 것은 방사성 물질의 혼입입니다. 해외에서는 의료용 방사성 물질이나 원자력 발전소의 폐기물이 들어 있던 스크랩을 녹여 철골용 강재로 만든 사례가 있습니다. 그 때문에 이 철골로 만든 아파트 주민들이 피폭되는 사고가 발생했어요.

표 소재별 재활용률 등

소재	지표 및 비율
스틸 캔	[재활용률] 92.0% 2014년도
알루미늄 캔	[재활용률] 87.4% 2014년도
유리병	[재활용률] 67.3% 2013년도
페트병	[재활용률] 85.8% 2013년도
플라스틱 용기 포장	[재자원화율] 44.4% 2013년도
종이 용기 포장	[회수율] 23.5% 2013년도
종이팩	[회수율] 44.6% 2013년도
골판지	[회수율] 99.4% 2013년도

출처: 일본 스틸 캔재활용협회 〈품목별 재활용률 · 회수율 · 수집률〉

그림 철 스크랩 재활용 경로

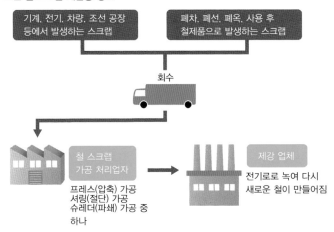

기계, 전기, 차량, 조선 공장 등에서 발생하는 스크랩

폐차, 폐선, 폐옥, 사용 후 철제품으로 발생하는 스크랩

회수

철 스크랩 가공 처리업자

프레스(압축) 가공
셔링(절단) 가공
슈레더(파쇄) 가공 중 하나

제강 업체

전기로로 녹여 다시 새로운 철이 만들어짐

알루미늄 캔의 재활용

가무라 히토시

2015년 일본에서 1년간 소비된 알루미늄 캔은 222억 개에 달합니다. 사용 후 재활용률은 2015년 90.1%로 추정되며, 일본 국내에서 재활용되지 않고 외국으로 수출되는 알루미늄 스크랩양까지 고려하면 거의 상한선에 도달했다고 볼 수 있습니다.

알루미늄은 철, 구리 등과 달리 광석으로부터 금속을 만드는 과정에서 전기 분해를 통해 얻습니다. 이때 많은 양의 전력을 소비하지만, 재활용된 알루미늄 스크랩을 이용하여 지금(도금할 때 사용하는 금속)을 제조하면 전기 분해를 위한 전력을 절약할 수 있어요.

일반적으로 알루미늄을 재사용할 때 필요한 에너지양은 원료인 보크사이트로부터 알루미늄을 만들 때의 약 3%로 알려져 있습니다. 에너지 절약 효과가 뛰어나지요. 2015년도에는 약 26만 톤의 알루미늄 캔이 '재생 지금'으로 취급되었는데, 이때 절약된 에너지를 전력량으로 환산하면 76억킬로와트에 달합니다. 이는 일본 전국의 일반 가정에서 15일간 사용하는 전력량에 해당한다고 해요.

알루미늄 합금으로 만들어진 알루미늄 캔

알루미늄 캔은 100% 알루미늄으로만 만들어졌을까요? 사실 알루미늄 캔은 알루미늄을 주재료로 하는 합금으로 만듭니다. 몸통과 뚜껑 부분은 서로 조성이 다르지요. 뚜껑 부분은 마그네슘의 비율이 3.8%로 몸통 부분보다 많습니다. 이 성분 조성은 쉽게 잘린다는 특징이 있어요. 그래서 우리가 음료수를 마실 때 고리를 꺾어 캔을 딸 수 있답니다.

몸통은 망가니즈의 함유율이 뚜껑보다 많은 합금으로 이루어져 있습니다. 이는 얇게 만들어진 몸통 부분이 외부 물질과 부딪혀 충격을 받아도 쉽게 파손되지 않도록 하기 위함이에요.

재활용 시 용융시키면 마그네슘은 산화되어 사라지지만 망가니즈는 제거되지 않으므로, 재생된 지금은 몸통과 비슷한 양의 망가니즈를 포함합니다. 반면 뚜껑은 항상 새로운 지금으로 만들어지므로 100% 재활용 재료로 제작되는 알루미늄 캔은 없다고 할 수 있습니다.

북미와 유럽에서의 재활용

알루미늄은 가볍고 재활용했을 때의 소재 가치도 높아, 일회용 용기로 사용하기에 매우 좋습니다. 알루미늄의 용도별 사용 비율에서 북미의 경우, 포장 용기용 수요가 20%를 넘습니다. 대부분의 음료용 캔이 알루미늄으로 만들어지기 때문이지요.

반면 일본에서는 철(스틸) 캔도 음료용으로 큰 비중을 차지합니다. 환경 의식이 높은 북유럽의 경우 재사용할 수 있는 유리병 음료가 여전히 주류를 이루고 있습니다. 이처럼 에너지 절약을 위한 노력에서도 나라별로 중점을 두는 부분이 다른 것을 알 수 있습니다.

사진 회수된 알루미늄 캔이 압착된 모습

환원 반응과 광택 되돌리기

이케다 게이이치

은반지를 낀 채로 온천에 들어가면 어떻게 될까요? 은 식기를 서랍 속에 오랫동안 보관하면 어떻게 될까요? 아마 은반지는 까맣게 변하고, 은 식기도 거무스름해진 것을 볼 수 있을 것입니다. 어쩌면 때를 없애려고 표백제에 담갔더니 더 새까맣게 된 경험이 있을지도 모르지요.

은이 검게 변색되는 것은 온천의 물이나 피지 오염, 공기 중에 존재하는 유황 성분과 반응하기 때문입니다. 금속 중에서도 은은 독특하여, 산소보다 유황과 결합하기 쉬운 성질이 있습니다. 보통 금속의 경우 녹이 스는 데 반해(산화), 은은 유황과 결합하여 황화 은으로 변합니다. 황색~갈색을 띠는 황화 은이 계속 만들어져서 거무스름해지는 것이지요.

또 은은 염소와도 반응하여 염화 은을 만드는데, 이 염화 은은 빛을 쬐면 검게 변합니다. 최근에는 찾기 어렵지만 염화 은이 사용된 사진 필름처럼 검게 변색됩니다. 그러므로 깨끗하게 만들겠다고 염소 표백제에 담가서는 안 되겠지요?

표 **은의 황화 반응**

• $2Ag+S \rightarrow Ag_2S$	* 은과 온천 등의 유황이 반응
• $H_2S+Ag \rightarrow Ag_2S+H_2$	* 공기 중의 황화 수소와 은이 반응

표 **은의 염화 반응**

• $2Ag+Cl_2 \rightarrow 2AgCl$	* 은과 공기 중의 염소 가스가 반응
• $Ag^+(aq)+Cl^-(aq) \rightarrow AgCl$	* 은 이온과 염화물 이온이 반응

환원 반응으로 광택 찾기

그럼 어떻게 하면 거무스름해진 은 제품을 깨끗하게 만들 수 있을까요?

간단한 방법은 알루미늄 포일을 사용하는 것입니다. 은과 알루미늄을 전기가 잘 통하는 수용액에 담그면 일종의 전지가 되어 전기가 흐릅니다.

먼저 유리병이나 도자기 등 금속제가 아닌 용기에 은박지와 은 제품을 담아 두 가지가 모두 잠기도록 뜨거운 물을 넣습니다. 여기에 전기가 잘 통하도록 1~2스푼의 탄산수소 나트륨을 넣고 가볍게 저어주세요. 이것만으로도 은 표면에서 유황이나 염소가 떨어져 황화 은이나 염화 은이 은으로 돌아갑니다. 젓가락 등으로 꺼내 물로 씻고, 건조 후 천으로 닦으면 은은한 광택이 되살아납니다.

가끔은 일부러 광택을 없애고 오래된 느낌을 내고 싶을 때가 있지요? 그럴 때는 면봉에 염소계 표백제를 묻혀 검게 만들고 싶은 부분에 문지르면 됩니다. 이때 염화 반응이 일어나 금방 거무스름해지고, 물로 잘 씻은 다음 천으로 문지르면 완성된답니다.

그림 환원 반응으로 거무스름한 얼룩을 제거하는 방법

뜨거운 물(60℃ 이상)을 사용하는 이유는 열을 통해 화학 반응을 촉진시키기 위함입니다.

탄산
수소
나트륨

은박지와 직접 닿지 않도록 합니다.

화상에 주의할 것! 젓가락이 있으면 편리합니다.

수은 온도계 살펴보기

잇시키 겐지

금속 수은(액체 상태)을 유리관에 주입한 온도계를 본 적이 있나요? 수은 온도계는 과거 체온계로 널리 사용되었습니다. 이 체온계는 정확하고 크기가 작아 사용하기 편리하며 사용할 때마다 소독이 가능하다는 장점이 있었어요. 반면 유리로 만들어져 쉽게 깨지고 측정에 시간이 걸리는 점은 단점이었지요. 최근 가정이나 병원에서는 전자 체온계를 사용합니다.

한편 실험실이나 야외 조사 등에서는 지금도 유리관 온도계를 사용합니다. 전원이 필요하지 않고 깨지지 않는 한 고장이 없기 때문입니다. 정확한 통계 자료는 없지만 유리관 온도계의 약 절반은 수은 온도계로 추정됩니다 (나머지 절반은 알코올 온도계).

수은 온도계에 사용되는 수은의 양은 일반 실험용 수은 온도계의 경우 약 2g, 체온계의 경우 0.8~1.2g입니다.

수은의 위험성

금속 수은은 액체 상태로 삼켜도 대부분 소화·흡수되지 않고 대변으로 배출되기 때문에 무해합니다. 또 실온의 금속 수은에서 증발하는 증기를 한 번 흡입한 것만으로 증상이 바로 발현되는 것은 아닙니다. 하지만 수은 증기를 계속해서 흡입하면 호흡기, 신장, 중추 신경계, 소화기 등에 광범위한 상해를 입을 수 있어요. 이 때문에 수은을 취급하는 작업 장소에서는 공기 중 수은 농도를 1세m^3당 0.025mg(허용 농도) 이하로 유지하는 것이 필요합니다.

또한 금속 수은이 담긴 용기를 열어둔 채 실온(20도)에 내버려 두면 증발하기 시작합니다. 수은과 접촉하는 공기가 1세m^3당 13mg의 수은 증기를 포함하기까지 증발이 계속됩니다. 이 농도는 허용 농도에 비해 훨씬 높으므로 수은이 담긴 용기를 열어 두거나 대량의 수은을 흘린 채 방에 계속 머무는 것은 아주 위험합니다.

수은 온도계가 깨지면

금속 수은은 표면 장력이 큰 액체이므로 깨진 온도계에서 새어 나온 수은은 작은 구슬 모양을 만들며 굴러가 버립니다. 쏟아진 수은을 모으려면 아마도 바닥을 기어 다니며 찾아야 할 거예요.

우선 사용하지 않는 전원 케이블 안의 구리 선을 풀어 빗자루처럼 만들고, 수은 구슬을 빗자루 쓸 듯 쓸며 모으세요. 구리는 수은에 녹기 쉬우므로 구리선 표면이 수은에 젖어 쉽게 달라붙습니다. 모인 수은과 사용한 구리선은 부러진 온도계와 함께 밀폐 용기에 넣어 보관해 두었다가, 수은을 포함한 쓰레기로 분리수거하여 폐기해야 해요. 절대 마당에 묻거나 아무 데나 버리면 안 됩니다.

만약 쏟아진 수은이 전부 발견되지 않았거나 그럴 가능성이 있다면 어떻게 해야 할까요? 수은은 결국엔 증발하므로 방 환기를 충분히 하고, 남은 수은도 증기가 되어 문밖으로 배출될 수 있도록 열어 두세요. 특히 수은 증기는 공기보다 무거우므로 바닥 부근의 공기를 실외로 계속 배출시키는 것이 필요합니다.

일본 동전에는 1엔, 5엔, 10엔, 50엔, 100엔, 500엔까지 모두 여섯 종류가가 있습니다.

100% 알루미늄 동전, 1엔

이 중에서 한 종류의 금속으로 이루어진 것은 순수 알루미늄인 1엔 동전뿐입니다. 그 외에는 한 금속에 다른 금속을 첨가하여 녹인 합금이에요.

알루미늄은 가볍고 부드러운 금속으로, 보크사이트에서 나오는 알루미나(산화 알루미늄)를 녹인 후 전기 분해하여 제조합니다. 은박지 등의 가정용품, 창틀 등의 건축 재료로 많이 사용되지요. 참고로 1엔 동전을 만드는데는 약 3엔이 든다고 합니다.

알루미늄은 물이나 산소를 비롯한 다양한 물질과 쉽게 반응합니다. 공기중에서는 표면이 산화되어 산화 알루미늄의 치밀한 막이 형성되는데, 이 산화물 막이 내부를 보호하기 때문에 더 이상 산화되기 어려운 상태를 만듭니다. 그러므로 반응성이 좋으면서도 형태를 유지할 수 있는 것이랍니다.

5엔 이상은 모두 합금!

동전을 합금으로 만들면 단단해집니다. 합금 재질마다 색상이 다르기 때문에 한눈에 알아볼 수도 있어요. 또 재질에 따라 전기 전달 용이성 등도 달라지므로 자판기에서 식별하기도 쉽습니다. 게다가 재질을 복잡하게 만들면 위조하기도 어렵겠지요?

구리와 아연의 합금은 황동으로, 5엔 동전을 만들 때 사용합니다. 금관악기나 법기 등에 사용되는 놋쇠는 황동의 일종으로 녹이 잘 슬지 않고 색이황금빛으로 아름다워 장신구 등에도 널리 쓰입니다.

구리에 주석이 섞인 합금은 청동으로 10엔 동전을 만드는 데 쓰입니다. 그래서 10엔을 청동화라고도 불러요. 구리와 니켈의 합금은 백동이며 50엔 동전, 100엔 동전은 같은 재질의 백동화입니다. 500엔 동전은 쿠바의 5페소 동전, 스위스의 5프랑 동전과 함께 비싼 동전 중 하나에 속해요. 1982년부터 1999년 사이에 발행된 500엔짜리 동전은 백동화였어요. 하지만 이후에 발행된 한국의 500원 동전(당시 환율로 약 50엔 상당)을 사용한 위조 동전 사건이 문제가 되었습니다. 500원짜리 동전을 자판기에서 500엔짜리 동전으로 인식하게 만드는 사기 범죄가 발생했기 때문이에요. 이를 계기로 2000년부터는 현재의 니켈 황동화가 되었답니다.

표 일본의 동전

1엔 동전(알루미늄화) 알루미늄 100%	5엔 동전(황동화) 황동…구리 60% +아연 40%	10엔 동전(청동화) 청동…구리 95% +아연 3~4%+주석 1~2%
50엔 동전(백동화) 백동…구리 75% +니켈 25%	100엔 동전(백동화) 백동…구리 75% +니켈 25%	500엔 동전(니켈 황동화) 니켈 황동…구리 72%+ 니켈 8%+아연 20%

희소 금속과 도시 광산

잇시키 겐지

　우리가 사용하는 많은 공산품은 다양한 희소 금속을 재료로 만들어집니다. 1980년대 일본 도호쿠대학 선광제련연구소의 난조 미치오 교수는 이러한 희소 금속을 포함한 채 지상에 축적된 공업 제품을 재생 가능한 자원으로 간주하고, 희소 금속이 축적된 장소를 도시 광산이라고 명명했습니다. 도시는 공업 제품을 대량으로 사용하고 또 대량으로 폐기하기 때문에 도시 자체를 광산으로 본 것입니다.

　폐기물로부터 희귀한 금속을 취하여 재활용하는 것은 한정된 자원의 효과적 이용 및 자원의 안정적 공급을 위해서 매우 중요한 일이에요. 따라서 도시 광산은 희소 금속 자원의 재활용을 상징적으로 나타내는 용어라 할 수 있어요.

일본의 도시 광산

　도시 광산의 매장량, 즉 현재 사용하는 양과 폐기물로 처리된 양의 합계는 금속 자원의 유통량으로부터 추정할 수 있습니다. 독립행정법인 물질·재료연구기구는 지난 2008년 일본 도시 광산의 희소 금속 매장량을 추산하고, 그 매장량이 세계 유수의 자원국에 필적하는 규모임을 밝혔습니다.

　2013년에는 희소 금속을 높은 비율로 포함하는 소형 가전제품의 재활용 제도가 시행되었습니다. 주변에서 휴대전화나 게임기, 디지털카메라 등의 회수 상자를 본 적이 있을 거예요. 또 얼마 전 개최된 2020년 도쿄올림픽·패럴림픽 메달은 폐가전에 포함된 금이나 은을 활용하여 만들었답니다.

도시 광산 활용법

이처럼 도시 광산의 이용에 나서는 지자체와 연구자는 늘어났지만, 나라 전체에서 봤을 때 회수되거나 재자원화되고 있는 양은 크게 증가한 것으로 보이진 않습니다. 소형 가전 재활용 제도 시행 전부터 철, 구리, 알루미늄 등은 순조롭게 재활용되고 있습니다. 각종 폐기물이 중요한 원재료 공급원이 되어 이 금속들은 비교적 대량으로, 또 순물질에 가까운 상태로 활용할 수 있습니다. 또 다른 물질로부터 분리가 쉬워 기술 및 비용 면에서 재자원화가 용이합니다.

한편 많은 희소 금속은 사실 매장량만큼 효과적으로 이용되진 않습니다. 폐기물의 품질이 일정하지 않기 때문에 희소 금속을 분리하는 것이 기술적으로 어렵기 때문입니다. 자원량이 한정된 희소 금속이기에 자원 확보라는 관점에서 재활용은 반드시 필요합니다. 또 희소 금속이 아닌 금속에 대해서도 재활용 사회 실현의 관점에서 어느 정도의 비용을 들여서라도 재활용 시스템의 정비, 도시 광산 전용 기술의 개발이 필요한 상황입니다.

표 금속의 재자원화 상황(2014년도)

금속	재자원화 중량
철	20,124t
알루미늄	1,527t
구리	1,112t
스테인리스 · 놋쇠	99t
금 · 은 · 팔라듐	1.7t
기타	4,879t

출처: 일본 환경성 〈소형 가전 재활용 제도 시행 현황〉

철(스틸) 캔과 알루미늄 캔 다음으로 재활용률이 높은 음료용 용기는 무엇일까요? 바로 페트병입니다. 실제로 용기 재활용법으로 정해진 회수 대상 페트병의 94%가 회수되고 있어요. 회수된 페트병은 어떤 과정을 거칠까요? 그 전에 페트병의 정체를 짚어봅시다.

페트병의 '페트'는 'PET', 즉 폴리에틸렌 테레프탈레이트(Poly-Ethylene Terephthalate)라는 읽기 쉽지 않은 이름의 플라스틱입니다. 해외에서는 플라스틱 보틀이라 불려요. 조금 더 친근한 말로 바꾸면 폴리에스테르의 일종이라 해도 될 거예요. 일정한 구조를 가진 분자가 사슬처럼 길게 이어져 있어, 상온에서는 무색·투명하고 단단하며 섭씨 80도 이상에서 부드러워집니다.

그림 폴리에틸렌 테레프탈레이트 구조식

그림 재활용 마크

용기 포장 재활용법에 따라 회수 대상이 되는 페트병에는 재활용 마크가 붙음

회수한 페트병의 운명

그럼 회수된 페트병은 어떻게 될까요? 깨끗이 세척하고 살균한 다음, 다시 병으로 만드는 재사용은 PET 수지의 '열에 약한', '상처가 생기기 쉬운', '약품에도 그다지 강하지 않은' 성질 때문에 쉽지 않습니다. 다양한 화학 처리를 통해 페트병을 원료 단계까지 분해하여 다시 PET 수지를 페트병으로 만드는 화학적 재활용 기술(Chemical recycle)은 약 1%에 불과해요. 페트병을 잘게 부숴 달걀 팩 용기나 폴리에스테르 섬유로 의복, 가방 등에 사용하는 물질 재활용 기술(Material recycle)이 약 20%로 알려져 있지요. 나머지는 연료로 사용하는(태우는) 열적 재활용 기술(Thermal recycle)과 기타 재활용 원료로 수출하는 데 쓰입니다. 페트병은 재활용에 적합한 소재로 여겨지지만 현재 일본 국내에서는 철(스틸) 캔이나 알루미늄 캔처럼 원활하게 재활용되지는 않습니다.

그림 페트병의 물질 재활용(Material recycle)

8

스티로폼에 대하여

사마키 다케오

스티로폼은 폴리스티렌을 틀에 넣어 약 50배로 팽창시킨 것으로 대부분 기체로 이루어져 있습니다. 스티로폼은 가볍고 튼튼하여 가전제품 포장재 등으로 폭넓게 활용되며, 우리 주변에서 가전제품 포장 시의 충격 흡수재, 식품 포장용 상자 등의 형태로 자주 볼 수 있습니다. 이외에도 수산, 농산, 해양 레저, 토목, 주택 등 다양한 분야에서 활약하고 있어요.

스티로폼은 사용 후 그대로 버리면 반영구적으로 남습니다. 하지만 부피가 크기 때문에 폐기물로서는 처리하기 곤란하지요. 운반할 때도 공기를 운반하는 것과 같아서 수송비가 드는 불연성 쓰레기 취급을 받곤 합니다. 그래서 스티로폼의 재활용은 폐기물이 발생하는 그 자리에서 처리하거나 화물을 내린 트럭을 사용하여 처리 시설로 운반하는 등의 방법을 취하고 있습니다. 전자는 부피를 줄이는 것, 감용이라 합니다. 이외에도 열을 가해 압축하거나 용제로 녹이는 방법 등이 있습니다.

스티로폼 활용법 세 가지

스티로폼의 연간 출하량은 14만 톤이며 회수 대상량은 12만 7400톤으로 (2015년) 거의 90.2%에 달하는 스티로폼이 회수됩니다.

스티로폼의 재활용에는 현재 세 가지 방법을 사용합니다.

① 물질 재활용 기술

플라스틱 원료로써 재활용하여 플라스틱 제품 등에 재사용한다.

② 화학적 재활용 기술(넓은 의미의 물질 재활용)

열이나 압력을 가해 가스 또는 기름으로 재자원화하고 연료 등으로 재사용한다.

③ 열적 재활용 기술

연소를 통해 높은 열에너지를 발생시켜 발전 등에 재사용한다.

①의 경우 열을 가해 압축하거나 용제로 용융시킴으로써 부피를 50분의 1에서 100분의 1까지 줄일 수 있습니다. 잉곳이라 불리는 폴리스티렌 덩어리로 만들거나 가공하기 쉽도록 작은 펠릿 형태로 만든 후 문구나 합성 목재 등의 제품에 사용하고, 재생 스티로폼으로 만드는 등의 방법으로 활용합니다. 현재 회수된 스티로폼 90.2 % 중 56.2%가 ①과 ②의 방법으로, 나머지 34.0%가 ③의 방법으로 재활용됩니다.

오렌지즙에 닿으면 녹는다?

오렌지, 귤, 여름귤, 병감 등 감귤류의 껍질 즙에는 리모넨이라는 기름의 일종이 포함되어 있습니다. 리모넨은 스티로폼을 분해하고 녹이는 성질이 있어요. 그러니 식탁 위에 스티로폼 용기를 둘 때는 오렌지즙이 튀지 않도록 조심해야겠지요?

그림 스티로폼의 특징

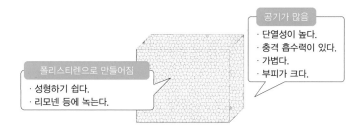

공기가 많음
· 단열성이 높다.
· 충격 흡수력이 있다.
· 가볍다.
· 부피가 크다.

폴리스티렌으로 만들어짐
· 성형하기 쉽다.
· 리모넨 등에 녹는다.

9

일회용 건전지와 누액 사고

가무라 히토시

일회용 건전지는 크게 망가니즈 건전지와 알칼리-망가니즈 건전지(이하 망가니즈 전지, 알칼리 전지)로 나눌 수 있습니다. 제조사들은 포장지를 서로 달리해 망가니즈 전지와 알칼리 전지를 구분할 수 있도록 합니다. 일반적으로 알칼리 전지류를 금색 계열로 포장하지요.

망가니즈 전지와 알칼리 전지의 차이점

알칼리 전지는 망가니즈 전지에 비해 전압이 일정하게 유지되고 큰 전류를 출력할 수 있으며 수명이 깁니다. 주로 휴대전화의 전지식 충전기나 미니 사륜구동 자동차, 강력 손전등 등에 사용하지요.

알칼리 전지는 내부 구조도 망가니즈 전지와 다릅니다. 중앙의 집전체가 음극이며 그 주위에는 음극 합제로써 아연 분말을 수산화칼륨 수용액으로 반죽해 걸쭉하게 만든 것이 채워져 있습니다. 음극 합제는 강알칼리성이기 때문에 만약 새어 나오면 피부에 강한 자극을 줄 수 있으며, 눈에 들어가면 시력 장애를 일으킬 수 있어 위험합니다. 따라서 일반적인 사용법을 지키는 한 새어 나오는 일이 없도록 단단히 봉인되어 있어요.

누액 사고는 언제 발생할까?

물론 아주 단단히 봉인되어 있어 쉽게 파손되지는 않지만, 그래도 액체가 새거나 파열되는 사고가 아예 없는 것은 아닙니다. 여러 개의 전지를 사용하는 기기가 멈췄을 때 전지를 절반만 새것으로 교체한 경험이 있을 겁니다. 전부 교체하지 않고 일부만 교체하면 오래된 전지가 용량 이상으로 방전됩니다. 혹은 여러 개의 전지를 넣고 사용할 때 실수로 한두 개를 거꾸로 넣어 해당 전지에 무리한 역전류가 흐를 때도 있습니다. 모두 누액 사고의 위험이 크지요.

이렇게 건전지를 사용하면 전지 내부에 수소가 발생하여 내부 압력이 올라갑니다. 내부 압력에 밀린 음극 합제 액은 조금씩 새어 나옵니다. 그러니 몇 년간 계속해서 기기에 넣어 두는 등의 장기간 사용은 피하는 것이 안전하겠지요? 액이 새어 나오면 전지를 비닐봉지에 넣고 밀봉한 다음, 규정된 방법에 따라 폐기해야 합니다. 또 새어 나온 액은 천 등으로 닦아 내며 손으로 직접 만지지 않도록 주의해야 합니다.

그림 전지의 기본 구조

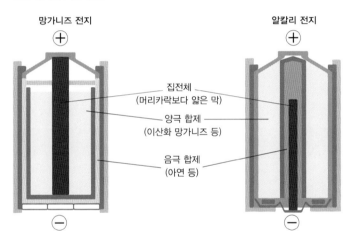

망가니즈 전지

알칼리 전지

집전체
(머리카락보다 얇은 막)

양극 합제
(이산화 망가니즈 등)

음극 합제
(아연 등)

10

리튬 이온 전지의 정체

가무라 히토시

과거에는 휴대 기기용 충전식 전지로 니켈·카드뮴 전지(니카드 전지)를 주로 사용했지만 지금은 니켈·수소 전지와 리튬 이온 전지가 보급되어 니카드 전지 대신 사용하고 있습니다. 특히 리튬 이온 전지는 휴대전화나 디지털카메라용 배터리로 사용합니다.

리튬 이온 전지의 정체

리튬 이온 전지는 양극에 코발트산 리튬을, 음극에 흑연(그래파이트)을 사용합니다. 충전 시에는 양극에서 리튬 이온(양이온)이 전해액 속으로 나와 양극과 음극을 분리하는 세퍼레이터(Seperator)를 통과해 음극으로 이동합니다. 음극에 쓰이는 흑연은 판상의 탄소 원자가 벌집 같은 규칙적인 육각형 모양으로 배열되어 있어, 이 사이로 리튬 이온이 들어갑니다.

방전 시에는 반대로 리튬 이온이 음극에서 양극으로 이동하지요. 이렇게 리튬 이온이 전지 내부를 이동하면서 충전과 방전을 반복하고, 계속 사용할 수 있습니다.

리튬 이온 전지의 장단점

리튬 이온 전지는 다른 전지보다 작고 가볍게 만들 수 있습니다. 니켈·수소 전지와 에너지 용량을 비교하면 질량 면이나 부피 면에서 모두 리튬 이온 전지가 더 뛰어나기 때문이지요. 또 도중에 방전을 멈추고 이어서 충전하면 다음 방전 시의 용량이 줄어드는 이른바 메모리 효과도 리튬 이온 전지에서는 나타나지 않아요.

공칭 전압은 3.6~3.7볼트로 니켈·수소 전지의 약 3배에 달합니다. 따라서 니켈·수소 전지처럼 가정용 AA 전지(1.5볼트)의 대체품으로 사용하는 것은 불가능합니다. 게다가 가격도 만만치 않아 비용을 들여서라도 소형화, 고성능화를 실현해야 하는 휴대용 정보 기기 등에 사용합니다.

한편 과도하게 충전하면 발열 또는 내부에서 이상 반응이 일어나며 파열해, 전해액으로 쓰이는 유기 용매가 누출될 우려가 있습니다. 따라서 리튬이온 전지는 전지 내부에 여러 가지 안전장치가 있어요. 비정상적으로 온도가 올라갔을 때는 작동을 정지하도록 고안되었고 보호회로도 부착되어 있습니다. 이러한 리튬 이온 배터리팩은 제조사가 전지를 사용할 기기에 맞춰 크기와 용량을 정해 각각 설계·제조하고, 주문 업체의 브랜드로 공급하는 형태를 취하고 있습니다.

그림 리튬 이온 전지의 원리

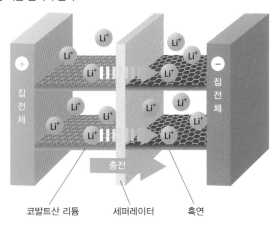

코발트산 리튬   세퍼레이터   흑연

11

발광 다이오드 LED 조명과 에너지 절약

이케다 게이이치

에너지 절약 효과가 높아 신세대 조명으로서 주목받고 있는 LED(발광다이오드, Light Emitting Diode). 그 정체는 무엇일까요?

LED는 한마디로 표현하면 전기가 흘렀을 때 발광하는 반도체입니다. 전자 에너지를 직접 빛으로 바꾸므로 효율이 높고, 물질을 소비하지 않아 소자 자체는 반영구적으로 사용할 수 있어요. 사용되는 반도체는 갈륨, 질소, 인듐, 알루미늄, 인 등 2~4종의 화합물로 만들어지며 그 소재에 따라 빛의 색상이 다릅니다. 나오는 빛은 빨간색이면 빨간색, 초록색이면 초록색인 단색으로 나타나고, 열선인 적외선이나 유해한 자외선은 거의 포함되어 있지 않습니다.

청색 LED의 활약

LED 소자가 조명에 사용되기 시작한 것은 1993년 청색 LED가 발명된 후부터입니다. 그 전에는 적색이나 녹색으로 빛나는 LED만 존재했지요.

그림 LED 발광의 원리

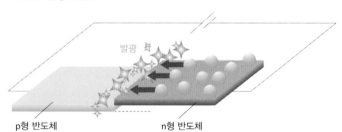

p형 반도체   n형 반도체

LED는 p형과 n형의 두 종류 반도체를 조합한 것입니다. 전자의 에너지 준위가 다르기 때문에 반도체 사이를 통과할 때 잉여 에너지가 빛이 되어 나옵니다.

파란색이 만들어지면서 비로소 빛의 삼원색(빨강, 파랑, 초록)을 갖추게 되었고 LED가 조명의 역할을 할 수 있게 되었습니다.

일반적인 전구형 LED 등 조명으로 쓰이는 백색 LED는 청색 LED를 노랗게 빛나는 형광체로 덮은 것이 대부분입니다. 푸른빛과 노란빛이 섞여 우리 눈에 하얗게 보이는 것이지요. 지금 여러분 책상에 있는 조명을 보면 약간 푸르스름한, 흰빛을 볼 수 있을 거예요.

이 형광체의 발색을 조정하여 백열전구처럼 약간 주황색으로 빛나는 전구형 LED도 만들었습니다. 이 형태의 LED는 형광체에 수명(밝기가 절반 정도가 될 때까지)이 있어 약 4만 시간(하루 10시간 사용 시, 약 10년) 이후 교체해야 합니다. 또 비추는 방향이 한정된다는 점과 붉은색이 포함되어 있지 않아 연색성이 부족한 점 등이 조명으로서의 단점이라 할 수 있어요.

에너지 절약 조명으로 여겨지는 LED이지만, 전력을 빛으로 변환하는 효율은 아직 형광등을 따라잡을 수가 없습니다. 하지만 형광등은 수은을 사용하기 때문에 점차 소비자들이 덜 찾게 되었고, 가정용 조명 기구로는 더 이상 만들어지지 않습니다.

그림 백색 LED의 기본 구조

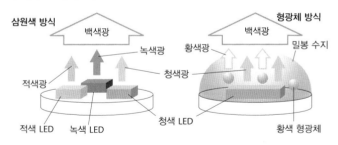

형광체 방식에서는 청색 LED 주위를 황색 형광체가 덮고 있습니다. 밀봉 수지나 형광체가 열에 약하기 때문에, 사용하다 보면 아주 조금씩 열화가 진행됩니다.

12

마이너스 이온과 투르말린

사마키 다케오

투르말린이란 규산염 광물의 일종입니다. 성분과 색이 다양하며 $NaFe_3Al_6(BO_3)_3Si_6O_{18}(O,OH,F)_4$ 나 $CaMg_3(Al_5Mg)(BO_3)_3Si_6O_{18}(OH,F)_4$ 등으로 표기됩니다. 투르말린 중 색과 형태가 아름다운 것은 보석으로 취급되며 10월의 탄생석으로 불리기도 합니다. 투르말린은 압력을 가하면 전압이 발생하는 성질(압전 효과)과 열을 가하면 전기를 띠는 성질(초전 효과)을 가져 일본에서는 전기석이라고도 부릅니다. 기온이 올라가면 투르말린에 정전기가 발생해 먼지가 붙기도 하는데, 이는 투르말린의 초전 효과 때문입니다. 이 때문에 투르말린의 이미지가 부풀려져 '투르말린은 마이너스 이온을 발생시키는 파워 스톤'이라는 광고 선전까지 등장했습니다.

마이너스 이온과 파워 스톤

이온이란 전자를 잃거나 얻어서 전기를 띤 입자를 말합니다. 예를 들어 소금의 주성분인 염화 나트륨은 양이온인 나트륨 이온과 음이온인 염화물 이온으로 이루어져 있습니다. 소금을 물에 녹이면 물속에 이들 나트륨 이온과 염화물 이온이 뿔뿔이 흩어지지요.

마이너스 이온은 염화물 이온과 같은 음이온(네거티브 이온 혹은 아니온)과는 다릅니다. 실제 과학 용어에 마이너스 이온이라는 말은 없습니다. 그나마 의미상 가까운 것을 찾는다면 대기 이온 정도일까요?

그런데 한 텔레비전 프로g에서 이 마이너스 이온을 다루며 아토피와 고혈압에 효과가 있고 몸도 건강해진다고 소개했어요. 투르말린에 마이너스 이온을 발생시키는 성질이 있다는 소문도 널리 퍼지며 투르말린이 포함된 팔찌, 베개, 이불 등이 판매되기도 했지요. 또 물에 넣으면 물의 성질이 바뀌며 뭔가 특별한 힘이 있다는 파워 스톤으로 여겨져 부적과 같은 상품도 등장했어요.

투르말린이 들어 있는 어떤 수처리 기계는 특별한 물을 만들어 내, 이 물을 라디에이터에 넣으면 연비가 좋아지고 세척력이 뛰어나 세제 없이도 세차할 수 있다고 광고했어요. 또 중유를 분해하는 힘이 있는 데다 이 물을 마시면 건강에 도움이 된다고도 했지요. 투르말린 물 제조 장치로 이온 교환 수지와 조합한 고가의 제품이 버젓이 팔린다는 사실이 놀라울 따름입니다.

하지만 투르말린에 정신적 · 육체적 이완 효과, 원기 회복 효과 등을 돕는 물질이 있다는 과학적 근거는 없습니다. 또 투르말린을 통과한 물이 몸에 좋다거나 세척력이 강화된다는 이야기도 사실무근입니다.

사진 다양한 투르말린

투르말린에는 여러 종류가 있는데 외형이 아름다운 것이 많아 인테리어 소품이나 장식품, 액세서리 등으로 사용됨. 다만 건강 촉진 효과나 물을 정화하는 효과를 뒷받침하는 근거는 없음

13

티타늄, 게르마늄을 착용하면 정말 건강해질까?

사마키 다케오

프로 운동선수들이 티타늄이나 게르마늄이 포함된 팔찌나 목걸이를 착용하고 있는 모습을 본 적이 있을 거예요. 팔찌나 목걸이 외에도 테이프 형태인 것도 있는데, 이러한 제품을 판매하는 회사의 광고에는 유명한 운동선수들이 등장하기도 합니다. 최근에는 얼굴 마사지기 등에 사용된 예도 있어요.

티타늄이란?

티타늄은 은백색의 금속으로 원자번호 22번입니다. 밀도는 철과 알루미늄의 중간으로 철의 60% 정도에요. 같은 질량으로 기계적 강도를 비교하면 철의 약 2배, 알루미늄의 약 6배이기 때문에 가볍고 강합니다. 또 녹이 잘 생기지 않아 골프채, 안경, 시계 등을 만드는 데 사용합니다.

그림 티타늄 활용 예

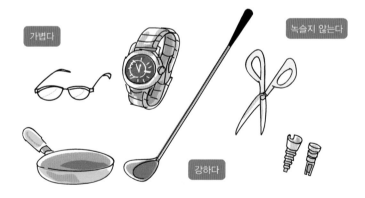

가볍다

녹슬지 않는다

강하다

또한 피부에 자극적이지 않고 금속 알레르기를 유발하지 않으므로, 피부에 직접 닿는 용품이나 의료용으로서 인공 관절, 임플란트 등에 사용합니다.

게르마늄과 효능

게르마늄은 은백색의 금속광택을 띠고 있는 원자번호 32번 원소입니다. 부스러지기 쉬운 고체로 금속과 비금속의 성질을 일부 가지고 있는 반금속이며 반도체 재료로 잘 알려져 있습니다.

지난 2009년 일본 국민생활센터는 시중에 판매되고 있는 건강 게르마늄 팔찌 12종을 대상으로 조사를 시행했습니다. 그중 벨트 부분에 게르마늄이 존재하는 것은 없었으며, 7종은 검은색 혹은 금속 알갱이 부분에 미량이 들어 있었을 뿐이었습니다. 게르마늄이 전혀 포함되지 않은 제품도 있었지요.

가장 큰 문제는 널리 알려진 건강 효과에 과학적 근거가 없었다는 것입니다. 이들 팔찌는 '마이너스 이온이 방출돼 그 효과로 피로가 풀린다', '팔찌를 찬 부위의 생체 전류 흐름이 좋아져 피로 회복 효과가 있다'라는 등의 주장을 하지만, 의학적 근거는 전혀 없답니다.

운동선수들은 왜 착용할까?

어떤 프로 운동선수들은 소위 징크스라 불리는 심리적 불안감을 안고 있는 듯합니다. 그래서 무언가를 몸에 착용함으로써 정신을 집중하거나 반대로 분산해 심리적인 도움을 받기도 하지요. 하지만 이는 티타늄이나 게르마늄에서 건강에 좋은 물질이 생기기 때문이 아닙니다. 그저 선수 개인의 정신적, 심리적 측면의 문제일 뿐입니다.

14

라듐 온천과 방사능

야마모토 후미히코

일본의 온천은 전 세계적으로 유명하며 방사능천이라 불리는 광천도 있습니다. 미사사온천, 아리마온천, 마스토미온천 등은 오랜 역사를 자랑하는 방사능천으로, 휴일이면 항상 많은 인파로 북적이지요. 온천수 1kg 중 라돈을 111베크렐(Bq) 이상 포함하는 광천을 방사능천이라 합니다. Bq, 즉 베크렐은 방사능을 측정하는 국제단위로 1베크렐은 1초 동안 1개의 원자핵이 붕괴할 때 방출되는 방사능의 강도를 의미해요.

라듐은 천연에 존재하는 방사성 핵종이며, 라돈은 라듐으로부터 항상 만들어지는 가스 형태의 방사성 핵종입니다. 그리고 지하 깊숙이 존재하는 라듐이나 라돈이 지하수에 녹아 온천으로서 솟아 나오는 것이 방사능천이지요.

라듐 온천의 방사능

그렇다면 방사능천에 의한 방사선 피폭의 영향은 없는 것일까요? 자료에 따르면 방사능 수치가 가장 높은 온천의 평균 방사능은 1L당 1,700베크렐로, 목욕을 한 시간씩 하루 세 번, 일주일간 계속하면 체외 피폭과 체내 피폭의 합계가 0.027밀리시버트(mSv, 인체에 미치는 영향을 고려한 방사선 피폭량 단위)가 된다고 산출했습니다. 이는 우리가 자연 방사선에 의해 연평균 2.4밀리시버트의 피폭을 당하는데, 그중 약 나흘 치에 해당하는 양입니다.

'라듐 온천의 방사능은 괜찮을까?'라는 질문은 '다른 사람보다 나흘 치만큼 더 피폭되는 위험과, 온천을 즐기며 얻는 이완 효과 중 어느 쪽을 선택할 것인가?'라는 질문이기도 합니다. 라듐 온천을 좋아하는 사람은 위험보다 혜택이 크다고 판단하고 있는 것일지도 모릅니다.

저선량 피폭과 방사선 방호

'소량의 방사선 자극은 생체 면역 기능을 활성화하고 건강에 좋다'라고 주장하는 학설(방사선 호르메시스)이 있습니다. 역학적, 과학적인 검증 연구도 이루어지고 있지만 저선량 피폭의 효과를 증명하는 단계까지는 아직 도달하지 못했어요.

반대로 미량의 방사선이 세포에 닿아 상처를 입으면 주변의 정상 세포에도 나쁜 영향이 퍼지는 현상(바이스탠더 효과)에 주목하는 학설도 있습니다. 일본을 포함한 세계 각국의 방사선 피폭을 막기 위한 기본적인 인식은 국제방사선방호위원회(ICRP)의 권고에 따르고 있어, 소량의 방사선이라도 위험할 수 있다는 전제하에 방사선 방호를 관리하고 있습니다.

아직 모든 것이 확실하지 않은 현 단계에서는 소량의 방사선이라도 위험할 수 있다는 것을 잊지 말고 위험과 혜택을 균형 있게 고려해야 합니다.

그림 **위험과 혜택**

169

15

케미컬 필링
(화학 박피술)이란?

나카야마 메이코

필링이란 원래 '껍질을 깎는' 혹은 '벗기는'이라는 뜻의 영어 단어 'peel'에서 나온 말입니다.

케미컬 필링(화학 박피술)이란 글리콜산이나 살리실산 등을 사용해 피부 표면 각질 세포 간의 접착을 느슨하게 만들고, 각질층에 축적된 아주 얇은 각질을 제거하는 미용법입니다. 이를 통해 신진대사가 촉진되어 잡티나 모공의 블랙헤드가 제거되고 매끄럽고 탄력 있는 피부를 되찾을 수 있다고 해요. 케미컬 필링은 피부를 효과적으로 활성화한다는 주장도 있어요.

케미컬 필링을 받은 후에는 얼굴에 붉은 기가 돌거나 화끈거리는 느낌이 2~3시간에서 길면 하루 동안 지속되기도 해요. 이 경우 저자극성 스킨 등으로 충분히 수분을 공급해 주어야 합니다.

과일산이란?

케미컬 필링에 사용되는 산 성분은 '과일산'이라 부르기도 합니다. 과일이나 사탕수수 등 천연 식물 유래 유기산으로 만들어졌다고 해요. 구체적으로는 앞서 소개한 글리콜산이나 살리실산, 구연산, 사과산, 주석산, 젖산 중 어느 하나, 혹은 여러 산을 배합해서 만듭니다. 그중에서도 널리 사용되고 있는 것이 글리콜산(하이드록시 초산, $C_2H_4O_3$)입니다. 쉽게 말해 케미컬 필링은 이러한 산을 이용하여 피부를 부식시킨 다음 벗겨 내는 것입니다.

안전한 피부 관리를 위해

최근에는 피부 관리실뿐만 아니라 집에서 손쉽게 할 수 있는 케미컬 필링제도 판매되고 있습니다. 하지만 안타깝게도 피부 장애나 화상과 같은 피해도 발생하고 있어요. 약액이 눈에 들어가 각막이 손상됐다는 사례도 있으며, 심하지 않아도 피부가 붉어지거나 통증, 딱지가 생겼다는 등의 증상도 보고되었습니다. 어떤 의사는 서양인보다 일본인의 피부가 더 민감하다고 주장하기도 합니다.

지난 2000년 11월, 후생노동성은 "케미컬 필링은 의사만이 할 수 있는 '의료 행위'이다"라고 일본의사회 및 각 지자체에 고지했습니다. 케미컬 필링에 사용하는 산의 종류, 농도, pH 수치 등은 접촉 시간과 월경 주기에 따라 피부 침투도가 달라지는데, pH가 낮으면 산이 강하여 피부 침투율이 높아지는 한편 자극도 커집니다.

케미컬 필링은 시중에 파는 마스크팩과는 전혀 다릅니다. 안전한 필링을 위해서는 개개인의 피부 상태를 정확히 확인한 후에 맞는 치료 방법을 선택하는 것이 중요해요.

그림 글리콜산 구조식

그림 살리실산 구조식

16

드라이클리닝과 화상 사고

나카야마 에이코

화학 화상(화학 열상)이란 산, 알칼리, 금속염, 유기 용제 등이 피부에 닿아 발생하는 화상을 말하며, 접촉성 피부염의 일종입니다. 이러한 화학 물질이 피부에 묻거나 닿았을 때 피부의 단백질과 결합하여 서서히 진행되다가 심한 화상을 입기도 합니다. 화학 화상은 뜨거운 것을 만졌을 때 일어나는 화상, 즉 열이 인체 조직에 장애를 주는 화상과는 다릅니다.

화학 화상의 원인

화학 약품을 취급하는 직장, 그리고 표백제나 세제 등 피부 자극이 강한 제품을 사용하는 가정에서 화학 화상은 언제든 일어날 수 있습니다. 당연히 이런 물질을 직접 만지지 않도록 주의해야 하지요. 하지만 의외로 간과하기 쉬운 것도 있습니다. 그중 하나가 드라이클리닝입니다. '깨끗하게 세탁한 것인데 어째서?'라는 의문이 생기지요? 먼저 드라이클리닝에 대해 알아봅시다.

드라이클리닝의 '드라이'란 물을 사용하지 않는다는 뜻으로, 물 대신 유기 용제를 사용하는 세탁을 말합니다. 의류의 색 빠짐을 방지하면서 본래 형태는 유지하고, 기름이나 피지 등의 지성 오염을 쉽게 제거할 수 있어요. 단, 땀 등의 수성 오염은 제거가 어렵지요.

드라이클리닝 용제

드라이클리닝에 사용되는 용제로는 염소계, 석유계, 불소계, 실리콘계 등이 있습니다. 입고 있는 옷 안에 달린 의류 취급 표시를 찾아보세요. 가장 흔한 것은 'F' 혹은 '석유 계열 드라이클리닝' 등으로 모두 석유계 용제를 의미합니다. 클리닝 솔벤트라고도 부르며 n-파라핀, iso-파라핀, 나프텐, 방향족 등으로 이루어져 있어요.

파라핀이란 탄화수소 화합물의 일종으로 탄소 원자의 수가 20개 이상인 알칸(C_nH_{2n+2})을 총칭하는 말입니다. iso-파라핀에서 'iso'는 분자 안에 분기를 갖는다는 뜻이며, 나프텐은 둥근 고리 구조를 갖는 포화탄화수소(C_nH_{2n})의 총칭입니다.

화학 화상의 원인과 증상

앞서 언급한 용제가 옷에 남아 화학 화상을 입었다는 보고가 국민생활센터 등에 접수된 사례가 있습니다. 특히 피부 트러블에 관해서는 바지에 의한 건이 많았습니다. 피부에 밀착 착용하는 경우가 많고 용제가 잔류하기 쉽기 때문일 것으로 추정되었어요. 국민생활센터는 "화학 화상, 피부 장애 등의 피해 사례는 매년 감소하고 있다"라고 하면서도, "석유 냄새가 날 때는 착용하지 않는 것이 좋다"라고 강조했습니다(2006년).

클리닝을 마치고 돌아온 의류를 꺼냈을 때 용제 냄새(악취, 자극취)가 느껴지면 세탁소에 알리고, 냄새가 없더라도 통풍이 잘 되는 그늘에서 확실히 건조해야 합니다. 또 세탁 주머니나 비닐을 벗기지 않고 그대로 보관하는 사람도 있는데, 이는 용제가 옷에 계속 남고 주름이나 변색의 원인이 될 수 있으므로 제거하는 것이 좋습니다.

클리닝이 끝난 옷을 입었을 때 피부가 따끔거리는 등 불편함이 느껴지면 곧바로 벗고, 미지근한 물로 충분히 씻어 내야 해요. 또 피부가 붉게 부어오르거나 수포가 생기면 바로 병원으로 가야 합니다.

탄소 섬유란 무엇일까?

가무라 히토시

탄소 섬유란 거의 탄소만을 성분으로 하는 무기 재료 섬유를 말합니다. 흑연과 비슷한 결정 구조를 가져 가볍고 화학적으로 안정적이지요. 같은 질량의 다른 재료와 비교했을 때 자르기 어렵고(고강도), 힘을 주어도 잘 변형되지 않는 성질(고탄성)이 있습니다.

탄소 섬유에는 크게 두 종류가 있습니다. PAN계 탄소 섬유는 폴리아크릴로니트릴 섬유가 원료입니다. 피치계 탄소 섬유는 석탄 또는 석유에서 얻을 수 있는 무거운 잔유(콜타르, 아스팔트)가 원료예요. 모두 원료를 탄화시켜 탄소 섬유로 만들며, 섬유의 길이나 탄성률과 같은 특성 차이에 따라 용도에 맞춰 사용합니다.

다른 물질과 복합하여 사용하는 탄소 섬유

탄소 섬유를 그대로 사용하는 경우는 드물고 보통 플라스틱이나 세라믹, 금속 등 재료와의 복합재로 사용됩니다. 예를 들어 항공기의 기체 재료로 탄소 섬유 복합 재료가 쓰이는데, 에어버스나 보잉의 최신형 여객기에는 동체나 주익 등의 구조 재료로 많이 쓰여 연비 개선, 항속 거리 향상에 도움을 주고 있어요. 또 스포츠 분야에서는 테니스 라켓, 장대높이뛰기 장대, 스키 스톡 혹은 골프채 샤프트 등 경량과 강도를 모두 갖춰야 하는 다양한 용구에 널리 사용되고 있습니다.

제습제의 성분: 실리카 겔, 생석회, 염화 칼슘

오바 요시히토

건조제와 제습제는 수분을 흡수하는 물질입니다. 김이나 비스킷 등의 식품이나 전자 정밀 기기와 함께 넣어 두거나, 벽장 또는 신발장용으로 판매되는 건조제·제습제를 본 적이 있지요? 건조제·제습제는 습기에 의한 열화나 분해, 곰팡이를 예방하기 위해 사용합니다. 건조제·제습제는 크게 실리카 겔(이산화 규소), 생석회(산화 칼슘), 염화 칼슘 세 종류로 나눌 수 있어요.

성분도 사용법도 모두 다른 제습제

실리카 겔에는 매우 미세한 구멍이 있는데, 이 구멍의 표면 및 내부에 물이 흡착되어 건조제 역할을 합니다. 독성이 없기 때문에 안전성이 매우 높지요. 물을 흡수하면 파란색에서 분홍색으로 변화하는 염화 코발트를 포함한 실리카 겔도 있습니다.

생석회는 건조 상태에서는 백색의 알갱이 모양이지만, 물을 흡수하면 분말 형태의 소석회(수산화 칼슘)로 변해요. 이때 열이 발생하고 부피는 약 3배로 늘어납니다. 이 때문에 잘못 먹거나 눈에 들어가면 통증, 짓무름, 출혈, 실명 등의 위험이 있으므로 사용할 때 주의해야 해요.

염화 칼슘은 건조 상태에서는 백색 고체이나, 물을 흡수하면 액체 상태로 변합니다. 주로 벽장, 신발장 등에 두고 사용해요. 내부의 액체는 고농도 염화 칼슘 용액으로, 옷이나 손에 묻으면 손상되거나 염증이 생기기 때문에 조심해서 사용해야 합니다.

19 녹 제거제의 성분

모바 요시히토

철 자체 또는 철로 만든 물건을 젖은 상태로 두거나 습기가 많은 곳에 보관하면 녹이 생깁니다. 녹은 철 표면뿐만 아니라 내부에도 생기므로 그대로 방치하면 결국 철이 본래의 단단한 성질을 잃고 부스러져 버려요. 따라서 녹을 발견하면 즉시 제거해야 하며 이때 녹 제거제를 사용할 수 있습니다. 녹은 산성 용액에 녹기 때문에 녹 제거제는 일반적으로 산성을 띕니다.

산성 녹 제거제와 중성 녹 제거제

산성 녹 제거제 중 염산이나 황산 등 강산을 이용한 것은 모두 단시간에 녹을 용해합니다. 그러나 녹슬지 않은 부분의 철까지 녹여 버리기 때문에 필요한 만큼만 사용해야 해요. 또 염산이나 황산은 자극성이 강하여 피부에 염증 등을 일으키므로 취급할 때 주의를 기울여야 합니다.

한편 인산을 이용한 녹 제거제도 있습니다. 인산은 염산이나 황산만큼 강한 산이 아니기 때문에 제거 능력은 떨어져요. 하지만 인산은 녹을 용해시킨 철 표면에 물에 녹지 않는 인산염 피막을 형성해 더 이상 녹이 생기지 않도록 억제하기도 합니다.

중성 녹 제거제도 있습니다. 주성분인 티오글리콜산암모늄이 녹을 녹이는데, 이때 액체의 색이 보라색이 되어 효과를 쉽게 확인할 수 있어요. 단, 이 성분은 파마약 특유의 냄새를 만드는 물질로, 녹 제거 작업 시에도 자극과 악취가 발생한다는 단점이 있습니다. 최근에는 냄새를 억제한 타입의 제품도 출시되었습니다.

곰팡이 제거제의 성분

오바 요시히토

    곰팡이는 실 모양의 구조를 지닌 균사가 모인 것으로 포자에 의해 번식합니다. 고온·다습한 환경을 선호하기 때문에 장마철은 곰팡이가 번식하기에 딱 좋은 계절이지요. 특히 욕실은 1년 내내 곰팡이의 온상이 되기 쉬운 공간입니다. 욕실 타일의 줄눈 부분이 검게 변한 것을 발견했다면, 곰팡이 제거제가 필요한 때입니다.

제거제의 성분: 염소계와 비염소계

    곰팡이 제거제는 크게 염소계와 비염소계로 나눌 수 있습니다. 시판되는 곰팡이 제거제 대부분은 염소계로, 차아염소산 나트륨이 주성분입니다. 수산화 나트륨 등을 통해 알칼리성(염기성)으로 만들어 안정화시키지요. 차아염소산 나트륨은 염소계 표백제에도 들어 있는 성분이며, 곰팡이의 포자나 균사를 살균하여 색소를 분해·표백함으로써 곰팡이를 제거하는 효과가 있습니다. 염소계 표백제처럼 염소계 곰팡이 제거제에도 '혼합 금지'(24쪽 참조) 표시가 있습니다. 산성 제품, 식초, 알코올 등과 섞으면 해로운 가스가 발생하기 때문에 단독으로 사용해야 함을 의미하지요.

    비염소계 곰팡이 제거제로는 젖산 등 유기산을 주성분으로 하는 제품이 있습니다. 젖산의 살균력을 이용한 것으로, 염소계 곰팡이 제거제와 같은 자극적인 냄새가 없답니다. 다만 표백 작용이 없어 곰팡이 색소가 스며든 경우에는 열심히 닦아도 깨끗해지지 않는 경우도 있습니다. 이 역시 약산성이므로 염소계 곰팡이 제거제와 함께 사용하면 위험합니다.

흰개미 퇴치제의 성분

오바 요시히토

흰개미는 목조 건물이나 수목 등을 먹는 해충으로 알려져 있습니다. 일본에서는 집흰개미와 야마토흰개미의 두 종에 의한 피해가 크며, 최근에는 외래종인 서부건재흰개미에 의한 피해도 보고되었습니다. 흰개미는 어떤 물질이든 갉아먹기 때문에 목조 건물이나 수목뿐만 아니라 책, 서류, 의류, 이불, 지하 통신 케이블, 전선 등을 손상시키는 등의 피해도 있어 퇴치해야 합니다.

살충제와 비슷한 흰개미 퇴치제

흰개미 퇴치제의 유효 성분은 농약 등의 살충제와 같습니다. 옛날에는 유기 염소계 클로르데인이나 유기인계 클로르피리포스가 사용되었어요. 하지만 클로르데인은 강한 독성을 가지고 있고 클로르피리포스는 환경 잔류성이 높고 휘발성이 강해 새집 증후군 및 화학 물질 과민증(26~27쪽 참조)의 원인 물질 중 하나입니다. 이 때문에 현재는 모두 사용이 규제되고 있어요. 현재 흰개미 퇴치제로 많이 사용되고 있는 것은 피레스로이드계, 네오니코티노이드계 약제입니다.

현재 사용하는 두 약제

피레스로이드계 약제는 원래 국화과 식물인 제충국에 포함된 살충 성분으로, 현재는 구조를 개량한 합성품을 사용합니다. 피레스로이드계 약제는 흰개미 등 곤충의 신경에 작용하여 경련·마비 작용을 일으키고 효과가 바로 나타납니다. 사람에 대한 독성은 낮지만, 물고기에 대한 독성이 높기 때문에 하천 등으로 유입되지 않도록 주의해야 해요.

네오니코티노이드계 약제는 담배에 포함된 니코틴과 비슷한 구조를 가지고 있습니다. 정상적인 자극 전달을 차단해 흥분 상태를 일으켜 개미를 퇴치하지요. 효과는 다소 느리게 나타나는 편입니다. 이 역시 사람에 대한 독성은 낮아요. 또 피레스로이드계 약제가 기피성(약제에 반응하여 도망가는 성질)을 갖는 데 반해 네오니코티노이드계 약제는 기피성이 없다는 특징이 있습니다. 이 때문에 흰개미 몸에 묻은 약제가 다른 흰개미에게 전파되는 효과도 기대할 수 있어요.

사용할 때 주의할 점

현재 판매 중인 흰개미 퇴치제에는 사람에 대한 안전성을 고려한 살충 성분이 쓰이고 있지만, 완전히 안전하다고 단언할 수는 없어요. 그러니 사용상 주의 사항을 꼼꼼히 읽고 사용해야 합니다. 또 흰개미의 종류에 따라서도 퇴치하는 방법은 다릅니다. 흰개미의 피해 정도를 파악하고 확실하게 퇴치하려면 섣불리 아무 약이나 쓰기보다는 전문가와 상담하여 확실하게 제거하는 편이 좋습니다.

그림 페르메트린(피레스로이드계) 구조식

그림 이미다클로프리드(네오니코티노이드계) 구조식

지금까지 우리는 생존을 위해, 그리고 편리한 생활을 위해 많은 물질을 이용해 왔습니다. 자연계에 존재하는 것, 그것들을 가공한 것, 그리고 다른 물질로부터 인공적으로 합성한 것까지 그 종류가 매우 다양합니다.

일상에서 여러분 주변에 있는 물건을 이루는 여러 물질에 대해 생각해 본 적이 있나요? 아마 일일이 물질의 특성이나 특징을 파악하고 관찰하는 사람은 매우 드물 거예요. 그러나 사건 사고의 원인이 되거나 무언가를 계기로 사람들 입에 오르내리며 어떤 물질이 우리 앞에 얼굴을 불쑥 내밀 때가 있습니다.

여러분은 어떤 반응을 보일 건가요? 나와는 상관없다고 생각할 수도 있고, 이번 기회에 조금 알아두자고 생각할 수도 있습니다. 이것이 바로 다양한 물질에 대한 인식률을 높이느냐 아니냐의 갈림길이 된다고 생각합니다.

우리를 둘러싼 다양한 물질들의 위험성이나 주의 사항을 모두 알기란 어려운 일입니다. 그래서 행정 및 관계 기관은 위험을 막기 위해 제조나 사용에 있어서 다양한 규제를 시행하고 있습니다. 이러한 규제 덕분에 개별 물질의 위험성을 하나씩 고려하지 않아도 어느 정도는 안전하게 이용할 수 있게 되었다고 해도 좋을 것입니다.

단, 규제가 어느 정도 타당한지, 물질을 이용함에 따라 발생하는 위험성과 이익의 절충점은 어떻게 설정할 것인지에 대해서는 함께 고민할 필요가 있어요. 잘 모르는 물질과 만나면 어떤 성질을 가지고 있는지, 어떤 규제나 주의 사항이 마련되어 있는지 한 번쯤 살펴보는 건 어떨까요?

이 책은 화제 또는 문제가 된 물질 중에서 많은 사람들이 흥미를 느낄 만한 것이나 관심을 가졌으면 좋겠다고 생각한 것을 다루고 있어요. 명확한 근거에 따라 이용이 규제되고 있는 것부터 아직 그 위험성을 잘 모르는 물질까지 아주 다양합니다. 이제는 어떤 물질이 단순히 위험할 것 같다는 이유로 피할 것이 아니라 위험성과 혜택을 모두 고려하여 안전하게 활용할 방안을 찾아야 할 때입니다. 최근에는 이해관계자들이 환경, 사회, 경제 위험성에 관한 정보나 의견을 주고받으며 사회적 합의를 얻기 위한 '리스크 커뮤니케이션'이 주목받고 있습니다. 여러분이 이 책을 읽고 단순한 사용자를 넘어 환경과 사회를 아우르는 과제에 대한 새로운 문제의식을 갖기 바랍니다.

잇시키 겐지

SHITTE OKITAI KAGAKU BUSSHITSU NO JOSHIKI 84

© 2016 Takeo Samaki / © 2016 Kenji Isshiki
All rights reserved.
Original Japanese edition published by SB Creative Corp.
Korean translation copyright © 2023 by Korean Studies Information Co., Ltd.
Korean translation rights arranged with SB Creative Corp.

하루 한 권, 일상 속 화학 물질

초판 인쇄 2023년 08월 31일
초판 발행 2023년 08월 31일

지은이 사마키 다케오 · 잇시키 겐지
그린이 이구치 치호
옮긴이 원지원
발행인 채종준

출판총괄 박능원
국제업무 채보라
책임편집 박민지 · 신대리라
마케팅 문선영 · 전예리
전자책 정담자리

브랜드 드루
주소 경기도 파주시 회동길 230 (문발동)
투고문의 ksibook13@kstudy.com

발행처 한국학술정보(주)
출판신고 2003년 9월 25일 제406-2003-000012호
인쇄 북토리

ISBN 979-11-6983-530-5 04400
        979-11-6983-178-9 (세트)

드루는 한국학술정보(주)의 지식 · 교양도서 출판 브랜드입니다.
세상의 모든 지식을 두루두루 모아 독자에게 내보인다는 뜻을 담았습니다.
지적인 호기심을 해결하고 생각에 깊이를 더할 수 있도록, 보다 가치 있는 책을 만들고자 합니다.